集约化式种鸡场

雏鸡采食

肉用雏鸡

雏鸡饮水

A·A肉鸡

海佩科肉鸡

惠阳鸡（公）

惠阳鸡（母）

畜禽养殖技术管理丛书

怎样提高养肉鸡效益

管　镇　编著

金盾出版社

内 容 提 要

本书在剖析制约肉鸡生产效益主要误区的基础上，就如何提高肉鸡养殖效益进行了全面阐述。主要内容包括：现代肉鸡生产概况，如何为肉鸡生产提供"生物安全"的饲养环境，肉鸡杂种优势的利用，科学配合饲料，规范的饲养管理技术，以及如何发展质量效益型肉鸡业等。语言通俗易懂，技术先进实用，可操作性强，适合养鸡户、养鸡场人员、畜牧兽医技术人员以及相关院校师生阅读参考。

图书在版编目(CIP)数据

怎样提高养肉鸡效益/管镇编著．—北京：金盾出版社，2004.9

(畜禽养殖技术管理丛书)

ISBN 978-7-5082-3131-0

Ⅰ.怎… Ⅱ.管… Ⅲ.肉用鸡-饲养管理 Ⅳ.S831.4

中国版本图书馆 CIP 数据核字(2004)第 078405 号

金盾出版社出版、总发行

北京太平路 5 号(地铁万寿路站往南)

邮政编码：100036 电话：68214039 83219215

传真：68276683 网址：www.jdcbs.cn

彩色印刷：北京百花彩印有限公司

黑白印刷：北京兴华印刷厂

装订：双峰装订厂

各地新华书店经销

开本：787×1092 1/32 印张：8.75 彩页：4 字数：192 千字

2008 年 9 月第 1 版第 6 次印刷

印数：46001—66000 册 定价：12.00 元

目　录

第一章　现代肉鸡生产概况

人类饲养鸡的历史由来已久，在一个很长的历史时期内，养鸡是一种传统的庭院式家庭副业，自繁自养，产品自产自给。从 20 世纪 20 年代开始，美国、日本等发达国家开始了由传统养鸡向现代化养鸡业发展，我国也于 60 年代首先由上海市开始了专业化的肉鸡生产。

现代肉鸡业是集种鸡饲养、孵化、饲料、商品代肉鸡饲养、疫病防治、成鸡回收、屠宰加工、出口内销等诸多环节于一体，既有工业生产的特点，又有农业生产特点的一个新兴产业。至今，世界肉鸡产业已发展到了相当的规模。

其特点之一是禽肉生产发展势头强劲。据有关资料表明，2000 年世界禽肉产量达到 6 600 万吨（其中鸡肉占 86%，达 5 660万吨），比 1961 年的产量多了 7 倍，人均年占有量为 10.8 千克。其中，美国禽肉产量为 1 952 万吨，占世界总产量的 29.4%，位居世界第一，人均年消费量为 49.8 千克。我国 1984～1996年间，平均每年以 16.4%的速度递增，1996 年禽肉总产量突破 1 000 万吨大关，位居世界第二；至 2000 年，禽肉产量达 1 207 万吨，占世界总产量的 18.2%，人均年占有量为 9.4 千克，低于世界平均水平的差距正逐步缩小。

特点之二是肉食消费结构发生了根本变化。在肉类食品需求持续增长的格局中，世界绝大多数国家都曾以牛肉、猪肉在肉食品中占主要地位，禽肉尤其是鸡肉所占的比重甚微。可是近几十年来，这种格局发生了很大的变化。1987 年，美国的禽肉生产量和消费量率先超过了牛肉和猪肉，占了第一位；

1990 年，又率先仅鸡肉的生产量和消费量超过了牛肉和猪肉。这是世界上肉食品结构带有划时代意义的变化。

一、现代肉鸡业之所以迅猛发展的缘由

（一）什么是肉用仔鸡

现代肉鸡与以往的肉鸡概念已截然不同。20 世纪 50 年代以前所称的肉鸡生产，主要是沿用标准品种或杂交种来繁殖，以淘汰多余的小公鸡和产蛋期结束后的老母鸡作为肉用。小公鸡达到市售要求的 1.2～1.5 千克体重一般要饲养 16～17 周，每千克活重耗料 4.7 千克以上。而现代肉鸡，6 周龄的仔鸡活重已达到 1.82 千克，料肉比仅为 1.72～1.95∶1。由于肉用仔鸡早期生长速度快、饲养周期短、饲料转化率高，所以生产成本低，价格便宜，肉嫩、皮薄、味美。这些都是淘汰的老母鸡和小公鸡所无法比拟的。所以，从 20 世纪 20 年代率先发展肉用仔鸡生产的美国，80 年代中期肉用仔鸡的产量已占禽肉生产量的 92％以上。而我国在当时肉用仔鸡仅占鸡肉产量的 3.2％，绝大部分鸡肉的来源还是淘汰的老母鸡和小公鸡。

“肉用仔鸡”一词是 20 世纪后半叶开始使用的，它是肉用童鸡的总称，意思是指在幼龄期即供食用的鸡，主要供烧烤用。根据屠宰日龄和体重的大小可分为肉用仔鸡、炸用鸡和烤用鸡。

目前，供食用的幼龄鸡或青年鸡，不论在哪个国家，都被称为肉用仔鸡，但由于各国的消费习惯和烹调方式不同，肉用仔鸡出售时的体重和日龄也就不同。如在美国，一般要求出售时体重达 1.6～1.8 千克，带骨切剁和作二分体或四分体烹

调。在西班牙、意大利、法国等南欧国家，大多用于熬、炖或带骨切剁，要求鸡体重在1.8～2.2千克。在德国、荷兰及北欧国家，则有整鸡或二分体烧烤的习惯，要求鸡体偏小，一般活重在1.1～1.3千克。而在日本，由于消费者喜欢大的鸡腿和胸肉，则要求仔鸡活重一般在1.9～2.7千克，当然饲养期也比欧美国家延长1～2周。在我国，过去的肉用仔鸡大多指的是未达到性成熟就屠宰的小鸡，俗称“笋鸡”或“童鸡”。在广东省，还有利用临近产蛋前的青年小母鸡（广东话称为项鸡）进行为期15～20天的短期肥育，生产人们爱吃的、具有一定肥度、生产期较长的优质肉鸡。

总之，肉用仔鸡一般是指在较短的饲养时间（7～8周）能上市的鸡（活重大致在1.8～2千克），是具有皮软、肉细、味美和可供快速烹调食用的幼龄青年肉鸡。

（二）市场需求是肉鸡生产发展的动力

随着人民生活水平的提高，由于饮食结构的失衡，不少“富贵病”日益剧增，人们逐步认识到，应对高脂肪、高胆固醇含量的红肉（猪肉）的消费加以节制，而换之以消费白肉（禽肉）。这是因为鸡肉的低脂肪、低胆固醇含量，不腻口，瘦肉多，肉细嫩，易消化，而且蛋白质含量达24%以上，生物学价值达83%，其独有的营养并构成了对人类健康的保护。这就逐步成为人们喜爱的肉中佳品，并形成巨大的市场需求。

（三）肉鸡的固有特性使其具备工业化大生产的基本条件

从20世纪50年代开始，一些发达国家的家禽育种工作采用玉米双杂交原理，开展了现代化的品系育种，即在过去标准品种的基础上，采用新的育种方法，培育出一些比较纯合的专门化品系，然后进行品系间的杂交和测定，充分利用“杂种优势”这一自然规律，所生产的商品型杂交鸡不仅比亲本生产性能高 15%～20%，而且表现得整齐一致。应该说，鸡种的改良，奠定了肉鸡工业化大生产的基础。

1. 繁殖率高 肉用仔鸡的种鸡（父母代）一个世代生产的商品雏鸡 140 只左右，这不是原来就有的，它是育种改良的结果。试设想，如按以前标准品种每个世代仅生产 70 只左右的商品雏鸡，要想达到目前肉用仔鸡的生产规模，其种鸡的投入成本就要翻一番。正是这种高的繁殖率，使得分摊到每只商品肉鸡上的种鸡成本大大降低，加上集中孵化等技术的运用，使之步入工业化的规模生产成为可能。

2. 幼龄时生长速度快 由配套杂交而产生的商品鸡具有生长迅速的特点，在正常饲养管理条件下，56 日龄活重可达 2 千克左右，国外最快的 35 日龄可长到 1.8 千克。开食后的 70 天内，日龄越小，相对的增重速率越快，而单位活重的饲料消耗量也越少。在合理的饲料配合下，每增重 1 千克活重需要 2～2.3 千克（发达国家只需 1.75 千克）配合饲料。这样高的饲料转化率，猪和牛都是达不到的。肉用仔鸡饲养周期短，一般饲养 70～80 天即可上市，饲养好的 50～60 天就可上市。肉用仔鸡幼龄时生长迅速，以至于饲料转化率高，饲养周期短，使禽舍和设备周转快，利用率高。这种高效率的生产，使其生产成本低廉，成为人类最廉价的优质动物性食品。

3. 体质强健，适于大群饲养 由于肉用仔鸡具有分散生活的本能，不会出现密聚，甚至数千只乃至数万只肉仔鸡为单元同时在一幢鸡舍内饲养，成活率达 98%以上也几乎不出现落脚鸡。这种良好的群体适应能力，加之杂种后代所赋予的强健体质，成就了其集约化密集饲养的方式。

4. 均匀性好 这指的是肉用仔鸡的整齐度。由于肉用仔鸡育种的成功，杂种优势使商品肉鸡的遗传一致性保证了在群体水平上产品的一致性。这是"全进全出"防疫制度的要求，也便于进行机械化屠宰，符合产品加工和消费者的要求。

（四）相关产业的发展促进了肉鸡产业的迅猛发展

1. 饲料工业发展的促进 饲料是肉鸡饲养业成本所占比重最大的一项。根据对鸡的生理特性和高产的营养需要所进行的详尽研究，使饲料配方不断改进和完善，并在饲料中添加维生素和无机盐。这种由饲料加工厂提供的全价配合饲料保证了肉用仔鸡得以健康迅速地生长，其饲料消耗不断下降，生产效率不断提高。饲料工业体系的逐步形成是肉鸡业发展的根本保证。

2. 鸡病防治技术和医药工业发展的促进 由于对严重危害养鸡业的烈性传染病，诸如新城疫、禽流感、马立克氏病和传染性法氏囊病等有了有效的疫苗，对鸡白痢、呼吸道病在种鸡阶段的净化，加之在饲料中添加预防球虫病的药物等保健药品工业的发展，使肉用仔鸡安全地生产有了可靠的保障。

3. 育成设备的不断改进与发展的促进 随着肉用仔鸡育成设备、机械、器具的改进与提高，安全的保姆伞、自动喂料器、自动饮水器的普及，大型孵化机具、屠宰加工机械、冷冻包装技术以及低温流通设备的改进，使劳动生产率大幅度提高，大群饲养肉用仔鸡（国际水平为人均年产 10 万只）已成为轻而易举的事。这些先进的机械设备使肉用仔鸡生产迈向工厂化和现代化，为肉鸡产业的发展提供了有利的条件。

4. "企业联营"经营方式的促进 从肉用仔鸡的饲养到流

通全过程的“企业联营”，强有力地促使种鸡饲养、商品鸡饲养、屠宰加工、饲料加工以及流通等各个环节的平衡发展。应该说，许多饲料公司、食品公司等企业对肉用仔鸡的饲养、屠宰加工等大力投资，促进了肉用仔鸡生产的发展。另外，这些企业采取“公司＋农户”的形式，以合同方式与生产者签约，以保证肉鸡销售价格，生产者可以从企业那里获得设备资金和周转金，并按合同逐批购入雏鸡和饲料，然后把产品销售给企业。在大多数情况下，企业联营已将种鸡孵化场、屠宰场、饲料加工厂归属在自己的系统内。它不但推进了肉用仔鸡业的整体化经营，而且可以根据市场需要和屠宰加工能力有效地组织生产，节省不必要的开支，降低生产成本。同时，养鸡户已不需要为周转资金、销售问题得不到解决而伤脑筋，效益也有保证。应该说，“企业联营”的经营方式是促进肉鸡产业高速发展的成功办法。

肉鸡产业已发展成为高度专业化和高效率的工业化生产，同时促进了与肉鸡业应用技术有关工业的发展，如鸡舍及配套设备、孵化设备、屠宰加工及包装设备、防疫药品工业以及饲料加工业等方面的发展。据称，日本的肉用仔鸡生产以及伴随其发展的有关育种、孵化、饲料加工、药品制造、鸡舍建筑、机具器械制造、屠宰加工，加上批发、零售和冷藏运输等，组成了一条龙产业，其年总交易额超过1万亿日元。美国肉鸡工业的垂直运作系统所形成的产、供、销一体化，使其集约化饲养的平均规模由20世纪60年代的3.7万只递升到90年代的1 000万只。肉鸡产业的产值约占整个畜牧业产值的一半。

随着世界性的有效耕地面积不断减少，在地球气候不断恶化的情况下，面对粮食供应比较紧张的压力，人们对动物蛋白的需求并不因此而降低。因此，具有高转化率的肉鸡生产，将成为缓解这种压力和制约因素的一个有力手段。所以充分发挥肉鸡生产周期短、转化效率高、规模效益好的比较优势，现代肉鸡生产必将成为21世纪最主要的肉食来源。

二、发展中的我国现代肉鸡业

（一）成长与发展

历来，我国农村以家庭副业的方式饲养家禽，淘汰的老母鸡和小公鸡作为肉用，出售时鸡龄大小不一，肉质良莠不齐。20世纪60年代初，为同美国、丹麦等国争夺香港肉用仔鸡市场，首先在上海市采用地方良种浦东鸡与新汉县鸡的杂交后代用于生产商品肉鸡，饲养90天平均体重达1.5千克以上，料肉比为3.8：1左右。以后，为满足销往香港肉用仔鸡对快速生长、胸肌发达的要求，于1962年、1976年从日本、荷兰、加拿大、英国、美国等国引进了“福田”、“伊藤”白羽肉鸡，海布罗祖代鸡，星波罗曾祖代鸡，A·A及罗斯祖代鸡，红布罗及狄高等有色羽父母代及祖代鸡。与此同时，在我国东北地区和北京、上海等地建立了育种场，逐步建立起良种繁育体系，不少省、市、县建立了父母代繁殖场，为养鸡专业户、商品鸡养殖场提供商品苗鸡。

白羽肉鸡虽然生长速度快，饲料转化率高，但我国人民还有喜食肉质鲜美的黄羽肉鸡的传统习惯和爱好，为此，“六五”、“七五”期间，在农业部主持下，由中国农业科学院畜牧研究所、江苏省家禽研究所、上海市农业科学院畜牧研究所等5个科研单位协同攻关，利用红布罗、海佩科等外来鸡种选育后作为亲本，与我国优良地方鸡种进行配套杂交，获得了诸如“苏禽85”、“海新”等系列配套杂交体系的优质型和快速型的黄羽肉鸡。

面对我国10多亿只鸡中的80%是地方鸡种需要提高效益的状况，江苏省家禽研究所经过多年的选育研究，采用自己选育出的隐性白羽白洛克肉鸡品系（80系）作为杂交用的父本与许多优良地方鸡种进行单杂交，其后代生长速度都有不同程度的提高，70～80天体重达1.5千克以上，不但饲养周期缩短了，而且肉质鲜嫩可口，市场畅销不衰，经济效益明显。我国幅员辽阔，各地区经济发展速度快慢不一，快速型肉用仔鸡鸡种远未覆盖全国各地，因此在发展肉鸡生产过程中，应充分利用现有鸡种资源优势，以走出自己发展肉用仔鸡业种源的道路。

（二）差　距

禽肉生产相对集中在华东、华中、华北的东南部和西南地区的东北部。目前，我国规模养鸡场的平均出栏数仅相当于美国20世纪60年代的水平。按平均年出栏肉鸡数2.5万只的规模计算，我国目前平均规模化程度还不足40%，除了如上海大江、山东省诸城、北京华都等现代化肉鸡联合体大企业外，在鸡肉生产的组织形式上，更多的倚重于以下两种方式：一是由一个企业为龙头，带动周围的具有一定饲养规模的农户进行生产，但各生产环节各自独立，在生产过程中结合的紧密程度较低。二是千家万户的分散饲养。

总体来说，我国肉鸡业的现状是鸡舍环境条件差、生长慢、饲料转化率低，用工多、疫病多、用药多，导致产品成本高、质量差、出口竞争力低。1997年，美国肉鸡平均42日龄活重达2.1千克，死淘率4%，料肉比为1.9∶1，而我国肉鸡平均体重达到2.1千克需饲养52天，死淘率达14%，料肉比为2.2∶1。美国肉鸡生产水平之高，得益于养鸡高度专业化的企业组织系统。因此，我们在倡导“公司＋农户”紧密合作的组织形式外，极大地提高我国肉鸡生产中普遍存在于广大农村的分散饲养场的千家万户和具有一定规模的家庭专业饲养的农民的文化技术素质，将有助于改变中国肉鸡生产劳动生产率低下的状况和提高养殖农户的收益。

三、制约肉鸡养殖效益的认识误区

我国商品肉鸡的生产，存在于广大农村分散饲养的千家万户和一定规模的家庭饲养场的主体，大都是受益于党的十一届三中全会后，农村经济政策的落实和生产责任制的推广，这种生产力的释放在很大程度上激活了农村的经济。由于在当时饲养肉鸡是刚刚开始的崭新的养殖业，或是出于谨慎小心、精心饲养，或是因为全新的房舍还未受到污染，或是全新的养殖业，起始的养殖户较少，加之我国正处于计划经济向市场经济的过渡之中，短缺经济也表现在鸡肉是我国肉食市场上价格最高的产品，所以在当时几乎是不管你的饲养水平如何，只要养鸡一般都能赚钱，因而造就了不少养鸡专业户盈利发财。然而，这却使不少农户产生了一些错误的信息和认识误区。

误区之一是，以为一家一户分散经营的家庭养殖就是肉鸡饲养业的惟一最佳经营方式。许多人不懂得也不想知道什么是规模化、集约化的肉鸡养殖业，因此不少地区、村落的农户在先富起来的农户带动下，个体分散的经营逐步发展到无序生产，以至于使得不少村庄在很小的范围内形成了“近距离、小规模、大群体、高密度、多品种、多日龄”的鸡群林立的格局。这种典型的小农经济的做法，使“全进全出”的防疫措施无法实施，以致饲养环境日益恶化，鸡粪到处堆积，污水随便排放，死鸡乱扔、乱卖，导致疫病复杂、严重。

误区之二是，饲养水平不高，鸡种来源不纯，饲喂的饲料几乎处于“有啥喂啥”的水平也能盈利。殊不知，在这种低、差的饲养层次上的盈利，本该说是由于短缺经济抬高了鸡肉的价格，使不少养鸡户尝到了甜头。可是这却构成了不少养殖户的错觉，以为养鸡也不过如此，没什么大不了的。设施可以因陋就简，饲养可以随意无定规，遇到鸡病，抗生素似乎成了包治百病的“灵丹妙药”，不费什么劲也能赚到钱，因此就认为无须去了解什么是现代肉鸡种、什么是配合饲料、什么是预防为主的防治原则，不去掌握现代技术与管理知识。慢慢地由追求价格“便宜”的鸡苗和“廉价”的饲料，到盲目地依赖疫苗和过滥地用药，加之粗放式的饲养而造成许多饲养上的失误。

误区之三是，计划经济时期的物资短缺和养鸡户自给自足的小农经营方式造就了不少养鸡户始终抱着“皇帝的女儿不愁嫁”的心态经营自己的家庭养殖。而对于中国经济由计划经济向市场经济的转轨认识不清。随着全国市场经济的日趋成熟，特别是对肉鸡市场已由原来的卖方市场转入买方市场认识不足，似乎一夜醒来，不知怎的，“皇帝的女儿”卖不掉了！对于市场的变化信息闭塞，缺乏分析能力，也只能盲目地跟着别人操作，掉进了“市场好时就一哄而上，市场差时就一哄而下”的旋涡之中，迷茫于无形的市场之手的摆弄，造成养殖生产上带有很大的盲目性和滞后性。这种滞后的经济运行方式，给养殖户带来的是经济利益的损失。

虽然存在以上认识上的误区，但只要通过我国20多万肉鸡养殖户的努力，转变观念，加强学习，变传统的落后饲养为先进的科学饲养，由分散零星的粗放式饲养转变为规模化、集约化饲养，由小农经济式的经营过渡到现代的商品化生产，不仅致富一方农民，而且我国的肉鸡业生产面貌和水平必将有一个大的改观。

第二章　为肉鸡生产提供“生物安全”的饲养环境

规模化、集约化家禽养殖场已成为我国养禽业的主力军。集约化饲养，人为地改变了家禽的生存和生长环境，只有使家禽的外部环境与鸡体保持一定的动态平衡，才能使家禽健康生长。目前，我国各类禽场处于农村散养家禽的包围之中，加之禽场本身的管理和防疫水平等问题，家禽饲养生态环境日益恶化，污染日趋严重。“生物安全”体系理论十分强调环境因素在保护动物健康中的重要作用，只有通过实施“生物安全”技术，才能提高家禽及其产品的质量，提高出口竞争能力，才能获得较好的经济效益。

一、对现代肉鸡饲养环境的认识误区

（一）对“生物安全”环境的种种错误做法

一是不少养鸡户为了节约资金，在场址的选择和鸡舍的建造方面舍不得多投入，或是利用原有的闲旧房舍稍加改造，或是在自家院内花很少的钱搭建简易鸡舍。由于旧房舍结构不合理，新鸡舍又过于简陋，一般舍内阴暗潮湿，冬季保温性能差，夏季舍内空气不流通又无通风设备，无法防暑降温，环境恶劣，不但肉鸡的性能得不到充分发挥，还容易导致经常发病。

二是鸡群过分密集，形成不同饲养条件下的独立鸡群相互间距离太近。尤其是养鸡专业村周围几里甚至十几里内全是养鸡场，养鸡数量规模大小不等，有的养几百只，有的上千只，还有的大户养 1 万只以上，这种多批次、多品种、多日龄的鸡群，集聚在一个小的区域范围内，鸡舍周围又没有隔离带，人员、车辆不经消毒往来频繁，无序的生产使饲养环境日益恶化，一旦发生疫病将造成毁灭性的损失。

三是在大群高密度的饲养中往往不能及时发现病鸡并采取隔离措施，更有甚者将死鸡和即将死亡的病鸡随地剖杀或乱扔而不作深埋处理。这就使病原微生物的载体通过污染场地及其中的垫料、饲料、饮水、饲具和空气来传播疫病。

四是“鸡粪到处堆积、污水随便排放”，这是不少养殖户鸡舍外围环境的真实写照。粪便是病原微生物附着的载体，是造成鸡舍内外交叉污染的最主要污染源。这些未经消毒或未经堆积发酵的粪便经风吹雨淋将污染更大面积的场地，极容易由饲养管理人员通过未经消毒的鞋造成场内外、舍内外的交叉污染。

五是不少养殖户疏于对饲料质量和饮水卫生的管理。饮水卫生很差，饲料污染霉变，直接影响了鸡群健康和免疫效果，使之成为疫病流行的通道。

（二）对集约化生产条件下不安全因素的认识不足

其一，集约化饲养是一种严格限制性的高密度饲养方式，它明显地提高了单位面积上的载鸡量，由此带来大量的粪、尿严重污染着场地，侵害着鸡群。同时这种高密度的饲养极易导致鸡舍内空气污浊，由粪尿分解产生的高浓度氨、硫化氢以及由呼吸排出的二氧化碳形成的复合污浊气体，加上悬浮在空气中高密度的尘埃，形成了鸡舍内劣性的气态环境。它构成了对肉鸡“生物安全”的威胁，往往会引发诸如慢性呼吸道病和大肠杆菌病。

其二，许多传染病的传播方式是水平横向传播，而集约化的密集饲养正好构成了水平传播的重要条件。所以一旦缺乏有效的防范措施，就可能由于某些传染病的水平传播而造成很高的发病率和死亡率，对鸡群的安全构成极为严重的威胁。

其三，饮水免疫中见到较多的是按理论饮水量配制疫苗，但常常由于供水不足而导致某些个体获得的抗原量不足，这在大群高密度饲养情况下，就容易造成群体水平的免疫抗体滴度不齐而引发免疫失败。

其四，诸如肉鸡猝死综合征、腹水综合征这类“生产性疾病”，是在人类强制的条件下——高密度的集约化饲养和提供“优厚的条件”——充足的高能量、高蛋白质饲料和较适宜生长所必须的温度等，促使肉鸡快速生长而产生的。由于肉鸡具有肺动脉高压型遗传特征，这种不适应促成了生长得越快，越容易引发上述疾病。同样，由于生长速度过快，必然会对饲料中某些维生素、微量元素的需要量增大，如果长时间得不到满足，就会引发某些营养代谢疾病。肉鸡的腿病发生率明显升高，无不与限制性自由运动导致的多卧习惯有关。

二、阻断病原体的传播，改善肉鸡安全的饲养环境

不少养鸡者认为，不可能把鸡病从养鸡场中彻底消灭，养鸡业必然是在或多或少的疾病存在之中发展。由于传染病的暴发和流行对养鸡业是带有毁灭性的灾难，尤其对于密集饲

养的鸡群，危害最为严重，因此了解有效控制它的发生更具重要的现实意义。

（一）传染病及其流行

了解传染病及其流行的特点，从中找出规律性的东西，进而采取相应的措施来中断流行过程的发生和发展，就可以达到预防和控制传染病的目的，就可以更清楚、更明白“隔离”与“消毒”的特定作用。

鸡的传染病有多种多样，但一般都是由特定的病原微生物（如病毒、细菌、真菌、霉形体等）通过某种途径侵入鸡体而引起鸡体一系列的病理变化。如鸡新城疫是由新城疫病毒引起的，高致病性禽流感其中之一是由 H_5N_1 亚型病毒引起的。这种传染病的流行过程就是从个体感染发病到群体发病的过程，必须具备传染源、传播途径和易感动物这三个基本环节，只要缺少其中任何一个环节，新的传染就不可能再发生，也就不可能构成传染病在鸡群中的流行。而且即使流行已经形成，只要切断其中任何一个环节，流行即告终止。

1. 传染源 即传染病的来源，具体说就是患传染病的鸡和带菌（病毒）的鸡，它们是构成传染病发生和流行的最主要条件。

患传染病的鸡在潜伏期，由于传染病的病原体数量还很少，没有从体内排出的条件，还不能起到传染源的作用。但处于临床症状明显时期，患病鸡可排出大量毒力强的病原体，其传染源的作用最大。一旦进入恢复期，虽然临床症状基本消失，但身体的某些部位仍然带有病原体并排出到周围环境中，威胁着其他易感鸡群（如没有接种过该传染病的免疫疫苗的鸡群）。

带菌(毒)鸡一般外表无临床症状,是体内有病原体存在并能繁殖和排出体外的隐性感染者。如受鸡白痢沙门氏菌感染的成年鸡,它无明显可见的临床症状,但其排出的细菌可以引起敏感日龄的小鸡发病,或所产的带菌种蛋能孵出带菌的雏鸡。

2. 传播途径 是指病原体从传染源排出后,经过一定的传播方式再侵入到其他易感鸡体所经过的途径。大多数传染源都是通过传播媒介将病原体传播到易感鸡体这种间接接触传播的方式进行的。其传播媒介可能是生物如蚊、蠓、蝇、鼠、猫、狗、鸟类等,也可能是无生命的物体如空气、饮水、饲料、土壤、飞沫、尘埃等,还可以通过人员传播,特别是饲养人员、兽医、参观者、运输车辆和饲养管理用具等常常是病原体的携带者或传播者。也可以通过污染的环境使易感鸡体感染,或使疾病广为散播流行。

所以,了解传染病的传播途径,将有助于切断病原体的继续传播而达到防止易感鸡体遭受感染。这是防止传染病发生和传播的一个重要环节。

3. 易感动物(鸡) 是指对某种传染病病原体具有敏感或易感的动物(鸡)。其易感性的有无和大小直接影响到传染病能否造成流行及疾病的严重程度。

原本易感的机体或因接种疫苗(菌苗)而获得特异性的抵抗力称为"主动免疫"的方式;而由注射了高免血清、高免蛋黄或直接由母体获得的抵抗力称为"被动免疫"方式。它们都可以使易感动物(鸡)变为不易感,如初生雏鸡由母体获得母源抗体也是预防传染病发生和流行的免疫措施。

（二）隔 离

“隔离”，顾名思义就是防止将病原体从外部带入和向外扩散的手段。为此设置了许多切实可行的规定。但这些似乎很容易执行的事却往往难以落实，关键是不少养鸡户的卫生防疫意识淡薄。比如，平时鸡舍门口不设消毒池；家人、外人不经任何消毒随意出入鸡舍；就是设置了消毒池的，或是没有消毒液，或是消毒液长期不换，或者消毒池里放砖头踩着过，根本起不到消毒效果。又比如，进雏前鸡舍与用具没有做到彻底清扫、冲洗、消毒，并间隔 7～10 天后再进雏，或是出于周转快，或是没有周密计划，只间隔 2～3 天就进雏鸡。它不能彻底切断病原体的循环周期。这种似隔非离的状况对鸡群的安全造成了严重的威胁。重要的是要有隔离意识，千方百计地创造隔离条件，多一点隔离总比少一点隔离好。有不少种鸡场在每幢鸡舍四周开挖防疫沟，所有舍间空地种上草坪，使舍与舍间形成天然隔离带，所有鸡舍的门窗均安装防雀网防止飞鸟进入鸡舍传播疾病，其效果非常显著。2003～2004 年，我国 49 个疫点发生的高致病性禽流感，每个疫点都须经 21 天的隔离封锁，经检验无病原体后才准予解除封锁，而且之后还要有半年的空置期，然后才能再饲养家禽。

所以，只有严格地执行各种隔离预防措施，才能将病原体阻隔于鸡群之外，保障“生物安全”的饲养环境。

（三）消 毒

1. 改善环境卫生的根本办法是消毒　消毒是在鸡体之外杀灭病原菌、病毒的惟一有效手段。把病原体消灭在其侵入鸡体之前就是消毒的任务。可是不少养鸡户的饲养习惯似乎消毒不消毒一个样，即使有一些消毒措施也是草率进行，结果当病毒、细菌侵入鸡体之后就滥用抗生素等药物来治疗。其实，抗生素不仅对病毒完全无效，而且极易引起鸡体的药物残留问题。而用于体外杀死病毒、细菌的消毒药物，可以使用大剂量强效药物对病毒造成强大的杀灭能力，它几乎对鸡体不产生药物残留问题。

实际上，预防疾病的根本在于改善环境卫生状况，抗生素并不能改善环境卫生，而“消毒”却是最有效、最价廉的办法。

2. 达到有效消毒的三要点

（1）清除污物 由于鸡粪等污物妨碍消毒药粒子与细菌冲撞而影响杀菌力，所以不清除鸡粪及其他污物，无论哪种消毒药均会因污物的存在而降低效力，也不管使用了多少消毒药液，其效果也不会理想。

（2）彻底清洗 消毒可分为三个步骤，先用水冲洗，然后干燥，最后喷洒消毒药液。如果用水冲洗后向外排出污水，病毒和细菌就随着污水流向周围，一旦水干后又会随尘土飞扬污染附近鸡舍，扩大了污染的范围，所以在用水冲洗前先应用消毒药液喷洒，以杀灭大部分病毒、细菌。

（3）要有足够量的消毒药液 喷洒消毒药液时要有足够的量，如果药液量还不能湿润物体本身，消毒药的粒子就不能与细菌、病毒直接接触，因而消毒药就不能发挥作用。一般鸡舍等的水泥地面，消毒每米^2 地面需 2 升左右药液，这个量可使药液在地面上流淌。如果在喷洒药液前未经充分冲洗，则需 3 升以上的药液。

3. 消毒药液的使用

（1）安全使用消毒药 养鸡场所使用的消毒药，大多数都相当安全。但不管怎样，这些药物均可对细菌、病毒产生瞬间的破坏作用，特别是消毒药的使用在鸡舍消毒、鸡体喷雾消毒和饮水消毒等方面明显增多后，从安全角度出发，必须正确地管理和使用，否则可能会对人和鸡造成伤害。需要注意的有以下几个方面。

第一，由于购买的消毒液大部分是瓶装原液，在药液的保管中应放置在儿童够不到的地方，也不要将剩有少量药液的量杯随便放在一边，或是用汽水瓶、酒瓶将药液分成小份等，以免误饮消毒药造成中毒事故。

第二，若误饮消毒药原液或浓液后，应大量喝水、牛奶等，并用手指插入喉咙深部使其反复呕吐，同时赶快请医生诊治。

第三，使用消毒药液时，应做好个人的防护，穿防护服、戴上口罩及防护眼罩。

第四，若原液、浓液溅入眼内，应立即用水充分、反复冲洗眼睛，决不可揉眼睛，以免发炎。冲洗后再去找医生治疗。

若皮肤上沾上了强酸类、强碱类等具有腐蚀性的原液、浓液时，应立即用水彻底冲洗。

第五，消毒操作期间禁止饮酒。因为酒精可使血液循环加快，皮肤和粘膜的毛细血管扩张，容易吸收药物而引起中毒。

第六，认真阅读所购买的各类消毒药的使用说明。强酸性和强碱性消毒药可用于器具类浸泡消毒以及地面消毒，但不能用于鸡体直接喷雾和饮水消毒。一般用于鸡体喷雾的消毒药如新洁尔灭、过氧乙酸、百毒杀等，用于饮水消毒的药物如漂白粉等。

第七，消毒药用水稀释后稳定性很差，调制后的稀释液应尽快使用。稀释所用水的硬度和金属离子对其有影响。因此，如果当地水质属硬水，应先软化处理后再用；在配制和运用稀释液时，勿使用金属制品器皿，一般使用耐酸、耐碱、耐腐蚀的塑料桶盛药液。

第八，各类消毒液之间的混合使用一般不产生什么好的效果，故以不混为宜。当需要两种消毒药时，应分两次喷洒，而且使用浓度大的消毒药要后喷洒。

除此以外，由于消毒药发挥效力需要一定的时间，也就是说，消毒药的粒子与细菌冲撞达到杀菌作用需要一定的时间，所以要消毒的器皿、物件必须充分地浸泡在消毒药液之中。

(2)若干常用消毒药物的介绍

①来苏儿(煤酚皂溶液)　3%～5%的热溶液常用于消毒无芽孢菌和病毒污染的鸡舍、管道、饲养用具及手臂等。

②漂白粉　适用于鸡舍、地面、粪便、脏水的消毒。饮水消毒以粉剂6～10克加入1米^{3}水中拌匀，30分钟后即可饮用。用于排泄物消毒的浓度为5%～10%。1%～3%澄清液可用于饲槽、饮水槽及其他非金属用具消毒。10%～20%的乳剂能在短时间内杀死细菌和芽孢，可用于鸡舍消毒。将干粉剂与鸡粪以1∶5的比例均匀混合，可进行粪便消毒。

漂白粉对皮肤、金属制品和衣服都有腐蚀作用，消毒时应注意防护。漂白粉和空气接触时容易分解，因此应密封保存在干燥、阴暗、凉爽的地方。

③氢氧化钠　又叫苛性钠、烧碱。通常用2%～3%的热溶液消毒鸡舍墙壁、地面、用具等。烧碱溶液腐蚀性很强，消毒时要穿戴胶鞋和胶皮手套(均为耐酸、碱的橡胶制品)，并要防止溶液溅入眼内。消毒后经过1小时，要用水将用具、地面上附着的残留药洗净。烧碱极易吸收大气中的水分而潮解，渐变成碳酸钠，使消毒效力大为减弱，因此保存时要密封。粗制烧碱液或固体碱含氢氧化钠94%左右，一般为工业用品，由于价格低廉，故常以此替代精制氢氧化钠使用，但使用时要按

94%的含量换算。

④石灰　常用石灰乳。因为石灰必须在有水分时才会游离出OH^-而发挥消毒作用。由石灰加水配制成浓度为10%～20%的石灰乳，一般对细菌有效。常用于墙壁、地面、粪池及污水沟的消毒。

⑤福尔马林　福尔马林为37%～40%的甲醛溶液。甲醛能与蛋白质中氨基结合而使蛋白质变性。0.25%～0.5%的甲醛溶液，有强大的杀菌作用和刺激作用，能在6～12小时内杀死细菌、芽孢和病毒，可用于鸡舍、用具和排泄物的消毒。也可利用甲醛气体进行熏蒸消毒（具体见第五章“雏鸡的饲养与管理”）。

⑥新洁尔灭　属于阳离子型表面活性剂。阳离子表面活性剂具有杀菌范围广的特点，对革兰氏阳性和阴性菌以及多种真菌、病毒有作用，具有杀菌效力强、作用迅速、刺激性小、毒性低、用量少的特点。

0.1%的溶液用于饲养、孵化、育雏用具的洗刷以及手臂、器械的消毒。也可用于种蛋的消毒，此时要求液温为40℃～43℃，浸洗时间不超过3分钟。使用时不能与肥皂、氢氧化钠等配合，如已用过肥皂、氢氧化钠，应先用清水充分洗净后再用新洁尔灭消毒。0.15%～2%的水溶液可用于鸡舍内空间的喷雾消毒。

⑦过氧乙酸　市售的为20%的溶液，有效期半年。但稀释液只能保持药效3～4天。它有强大的氧化性能，亦可分解出乙酸和过氧化氢等起协同杀菌作用。杀菌作用快而强，对细菌、病毒、真菌和芽孢均有效。

0.04%～0.2%的水溶液用于耐酸用具的浸泡消毒；0.05%～0.5%的水溶液用于环境、禽舍的喷雾消毒；用于室内消毒可按每米^{3}用20%的过氧乙酸溶液5～15毫升，稀释成3%～5%的溶液，加热熏蒸，室内相对湿度宜在60%～80%，密闭门窗1～2小时。用于鸡舍内带鸡喷雾消毒，浓度为0.2%，每米^{3}空间用药液15～30毫升。

⑧高锰酸钾　为暗紫色斜方形的结晶，易溶于水，是一种强氧化剂。用0.1%的溶液能杀死大多数繁殖型细菌，2%～5%的溶液能在24小时内杀死芽孢。高锰酸钾的水溶液，要现配现用。

⑨洗必泰　本品抗菌谱广，对绿脓杆菌也有效，其抗菌力强、毒性低。

0.02%水溶液用于洗手消毒，0.05%酒精溶液用于皮肤消毒，0.1%水溶液用于器械消毒，0.05%水溶液用于禽舍喷雾消毒。

⑩爱迪伏　是碘伏类消毒剂，每升药液含活性碘2.8～3克，为深棕色液体，微酸性(pH值5.5～6.5)。因具有亲水、亲脂双重性，所以消毒面广。当浓度为25毫克/升时，10分钟能灭活各种细菌、芽孢和病毒。这是一类广谱、长效、高效、无毒、无刺激性、无腐蚀性的比较理想的消毒药。

当药液用水稀释20倍后，可对禽舍和鸡体进行喷雾，每米^{3}空间用药3～9毫升。当药液稀释10～20倍后，可用于鸡舍内用具、孵化用具等的洗刷消毒，若浸泡种蛋，几秒钟即可达到消毒目的，过后可不必用清水冲洗。每升饮水中加原药液15～20毫升，连续饮用3～5天，适用于预防肠道传染病。

⑪百毒杀　是无色、无味的溶液。其消毒杀菌作用可不受有机物污染的影响，不受硬水的影响，不受环境酸碱度的影响，不受光热的影响，长期贮存而效力不减。由于它具有亲水和亲脂的两重性，所以消毒面广。

在每米^{3}水中加入百毒杀50～100毫升，可作饮水消毒用，当有传染病的情况下，用药量要加倍。当每10升水中加入百毒杀3毫升后，适用于禽舍、饲养设备及用具、周围环境、孵化设备、种蛋和鸡体表的喷雾消毒，在有传染病的情况下，每10升水中加入百毒杀5～10毫升。

三、规范各项技术和管理措施，保障肉鸡的“生物安全”饲养环境

随着养鸡规模的不断扩大，集约化水平不断提高，“生物安全”的重要性越显重要，它关系到鸡群的健康和遗传潜力的发挥。在“生物安全”措施中，养鸡户往往更加重视的是“免疫”和“药物”的防治，甚至达到了依赖的程度，迷信地认为接种疫苗就可杜绝疾病。“生物安全”的措施不仅包括免疫接种和药物防治，更重要的应该包括各种环境控制、营养、防疫、人员管理等一切防止病原体侵入鸡群的保护性技术措施和管理措施的总和，并实施于全部的生产过程中。

（一）建立“生物安全”的养殖小区

目前，不少养鸡专业村户户养鸡，鸡舍连着鸡舍，头尾相接，污染严重。要改变这种状况，至少应由村、镇干部与养鸡户代表及畜牧专家组成管理机构，统一规划，核心育雏区与其他鸡舍分开，设置户户之间隔离带，开辟专用脏道和净道，专用的无害化处理场，以供粪便等排泄污物和病死鸡处理用。协调共同地带的消毒，制订统一的疫病防治规划，以免不同鸡群、不同疫病的交叉感染。从“生物安全”的角度考虑，最好是统一规划，变个体分散饲养为“合作社式”的统一管理，建立专业村

的养殖小区。养殖场地的选择应考虑以下几个方面。

第一，场地应选择在地下水位低、地面干燥、易于排水的地方，否则就应当采取垫高地基和在鸡舍周围开挖排水沟的办法来解决。

第二，应选在环境比较安静的地方，要远离居住区、工厂、学校 1 000 米或 2 000 米以外，尤其是要远离屠宰场和垃圾场。既要避开交通要道，附近人员来往不能过分频繁，同时又要交通方便。这样既有利于防疫，又便于解决运输问题。

第三，水、电要有保障。要有清洁充裕的水源和优良的水质。供电要可靠，且有备用措施。

第四，注意通风。由于多数鸡舍采用自然通风，而当地主导风的风向对鸡舍的通风效果有明显的影响，因此通常鸡舍的建筑应处于上风口位置，依次排列为育雏舍、育成鸡舍，最后才是成鸡舍，以避免成鸡对雏鸡的可能感染。饲料供应和行政管理区应设在与风向平行的另一侧。

（二）完善饲养的基本设备条件

优良的饲养环境是保证家禽正常生长发育的重要条件，恶劣的饲养环境是诱发疾病的重要因素。不少养殖户的鸡舍或是沿用旧房舍，或是由于设计结构不周，导致鸡舍内部通风不良，氧气不足，氨气剧增，长期处于污浊环境下生长的肉鸡不仅病死率升高，而且生长发育受阻，这已为人们所熟知。

随着肉鸡业集约化程度的提高，作为肉鸡饲养的基本设施——鸡舍及其设备的作用备加凸显。建造鸡舍和提供必要的饲养设备的目的，不仅是便于集中管理，更重要的是为鸡群创造一个舒适、较为理想的生活环境。

1. 鸡舍结构的若干要求

(1)适当的宽度和高度　目前建造的专用肉鸡舍,多采用自然通风的开放式鸡舍,其宽度宜在9.8～12.2米之间。这样可以减少每只鸡占有的暴露总面积,从而减少在寒冷冬季的散热面,超过这个宽度的鸡舍,在炎热的天气通风不够。鸡舍的长度往往受安装的设备所限制。如安装自动喂料机的,就受其长度的限制。鸡舍高度一般檐高为2.4米左右,采用坡值为1/4～1/3的三角屋顶,有利于排水。同时应有良好的屋檐,以防止鸡舍内部遭受雨淋,亦可提供鸡舍内部遮光阴凉的环境。如能在屋顶装天花板或隔热设施,既有利于冬季减少散热,亦可减少夏季吸收的太阳热量。

(2)合理确定鸡舍的建筑面积　鸡舍建筑面积的大小,主要取决于饲养的数量,而饲养的数量除了资本的多少外,应考虑每个劳动力的生产效率,既要使鸡舍满员生产,又不至于造成劳动力的浪费。比如说,1个劳动力的饲养量可以达到3 000只,而所建造的鸡舍容量是3 800只,那么用1个劳动力养不了,用2个劳动力又浪费。

(3)便于通风换气和调节温度　在鸡舍结构中常见的自然通风设施主要有窗户、气楼和通风筒(图2-1)。

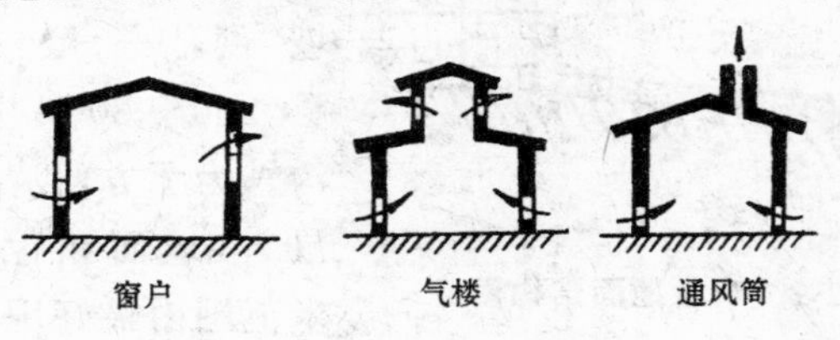

图2-1　鸡舍通风结构图

①窗户　窗户要有高差,应注意让主导风向对着位置较

低的窗口。为了调节通风量，可安成上下两排窗户，以根据通风的要求开、关部分窗户。这样既利用了自然风力，又利用了温差。窗口的总面积在华北地区为建筑面积的 1/3 左右，东北地区应少些，南方地区应多一些。为了使鸡舍内通风均匀，窗户应对称且均匀分布。冬季应特别注意不让冷风直接吹到鸡身上，可安装挡风板，使风速减缓后均匀进入鸡舍。

比较理想的窗户结构应有三层装置。内层是铁丝网，可以防止野鸟进入鸡舍和避免兽害，减少传播疾病的机会；中层是玻璃；外层是塑料薄膜，主要用于冬季保温。

②气楼　比窗户能更好地利用温差，鸡舍内采光条件也较好，但结构复杂，而且造价高。

③通风筒　通风原理与气楼相似，结构比气楼简单，但由于通风筒数量不多，所以效果不如气楼。一般要求通风筒应高出屋顶 60 厘米以上。

④适宜的墙壁厚度与地面结构　北方地区冬季多刮西北风，北墙和西墙的砖结构厚度应为 0.38 米，东墙和南墙可为 0.24 米，如用坯墙，西墙和北墙的厚度应为 0.4 米。

图 2-2　鸡舍地面结构图

为了鸡舍内冲洗排水方便，地面应该有一定的坡度，一般掌握在 1：200～300，并有排水沟。为了方便清粪和防止鼠害，地面和距地面 0.2 米范围内最好用水泥沙浆抹面（图 2-2）。

2. 开放式鸡舍举例

（1）开放式平养肉鸡舍　这类鸡舍是当前国内较为流行

的一种形式。舍内地面铺垫料，亦可用 2/3 木条漏粪板面。按饲养需要安装供料、饮水设备。若为肉用鸡舍，安装移动式产蛋箱即可改成种鸡舍（图 2-3）。

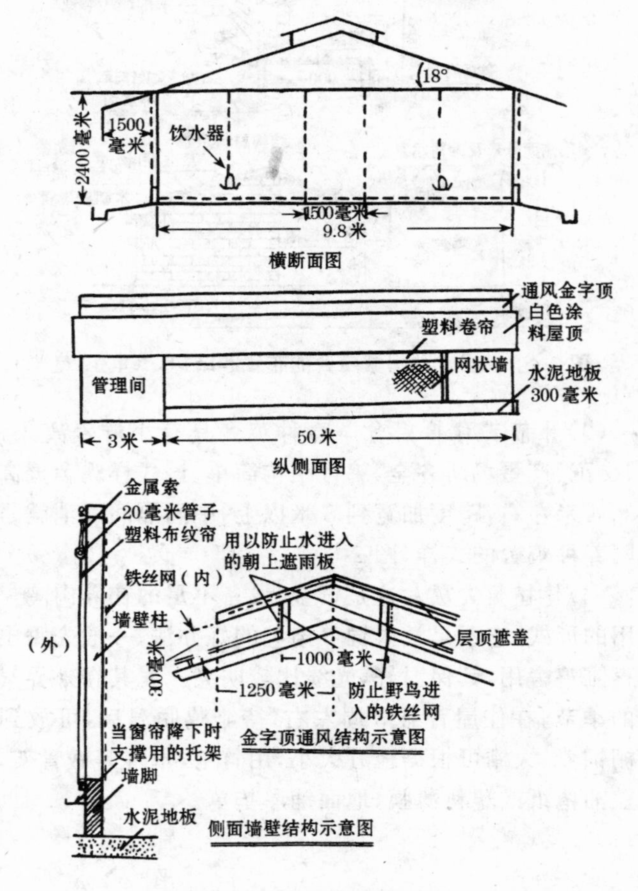

图 2-3　开放式平养肉鸡舍

（2）简易式鸡舍　简易式鸡舍跨度小，可就地取材，投资少，而且可以利用坡地，将喂料、清粪、集蛋等操作处在同一工作走道上，利于操作(图 2-4)。

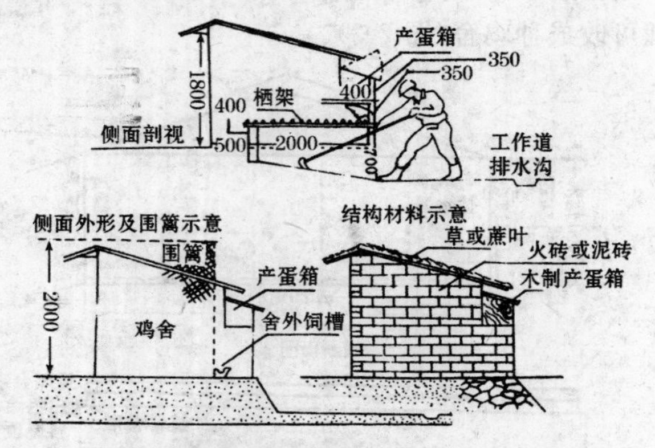

图 2-4　简易式种鸡繁殖舍的布置和结构　(单位:毫米)

(3)开放式育种鸡舍　育种鸡舍具有小群隔离条件，生活、交配、产蛋场所齐全，鸡舍结构简单。该式样鸡舍檐高提高到 2.4 米左右，跨度加宽到 8 米以上，中间隔间取消就是双列式网养种鸡舍的式样(图 2-5)。

(4)住屋加大棚　这是资金、设备不足的初养肉鸡户乐于采用的形式，它不是长久饲养肉鸡的好办法。一般先腾出住屋作育雏鸡舍用，其保温好，光线比较明亮。尤其在外界气候温暖的季节，在住屋育雏 3 周左右，待雏鸡脱温后，可放到室外大棚饲养。大棚可根据地方大小，用竹竿、木棍等做骨架，外面覆盖油毡纸或塑料薄膜，地面铺厚垫草。

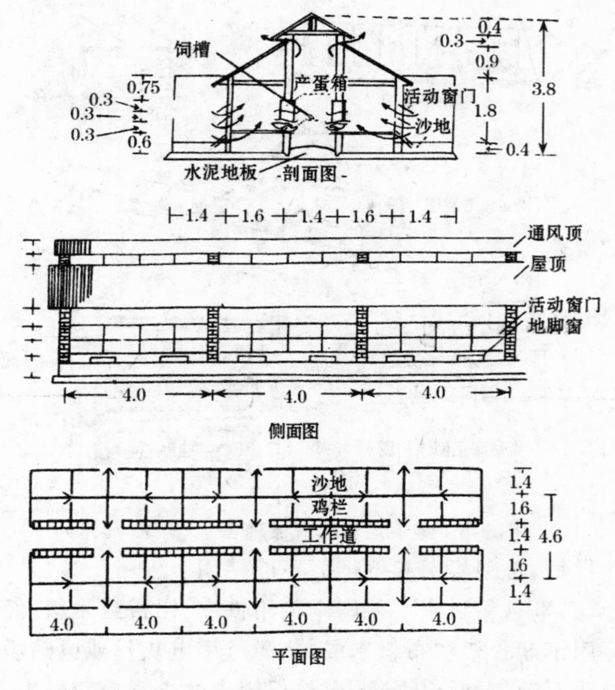

图 2-5　开放式育种鸡舍　（单位:米）

3. 养鸡设备

（1）地下烟道式育雏鸡舍　烟道加温的育雏方式对中、小型鸡场和较大规模的养鸡户较为适用(图 2-6)。它用砖或土坯砌成,结构可多样。较大的育雏室烟道的条数可多些,采用长烟道;较小的育雏室可采用“田”字形环绕烟道。其原理都是通过烟道对地面和育雏室空间加温。在设计烟道时,烟道进口的口径应大些,越往出烟口处去,应逐渐变小;进口应稍低些,而出烟口应随着烟道的延伸而逐渐提高,这有利于暖气的流

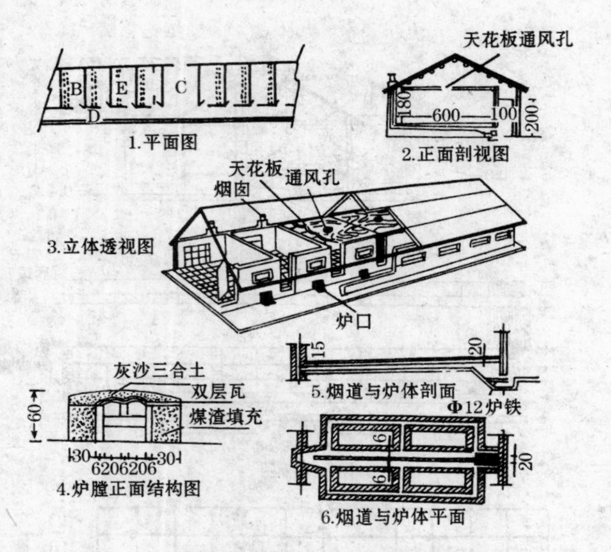

图 2-6 地下烟道式育雏鸡舍 (单位:厘米)

通和排烟,否则将引起倒烟而不能使用。

(2)电热保姆伞 保姆伞可用铁皮、铝板或木板、纤维板,也可用钢筋骨架和布料制成,热源可用电热丝或电热板,也可用液化石油气燃烧供热。电热保姆伞的伞顶应装有电子控温器。1 个伞面直径 2 米的电热保姆伞可育雏 500 只左右。在使用前应将其控温调节器与标准温度计校对,以使控温准确。

其他增温设备见第五章“育雏方式”部分。

(3)给料设备

①饲料浅盘 主要供开食及育雏早期使用。常见的饲料浅盘直径为 70～100 厘米 ,边缘高为 3～5 厘米,1 个浅盘可供 100～200 只雏鸡使用。目前市场上已有高强度聚乙烯材料制成的饲料浅盘(图 2-7)。

②饲料槽 饲料槽应方便采食,不易被粪便、垫料污染,

坚固耐用。为了防止采食时造成饲料浪费，选用料槽的规格和结构时，要依据鸡龄、饲养方式、饲料类型、给料方式等来决定。所有料槽都应有向内弯曲的小边，以防饲料被勾出槽外（图 2-8）。

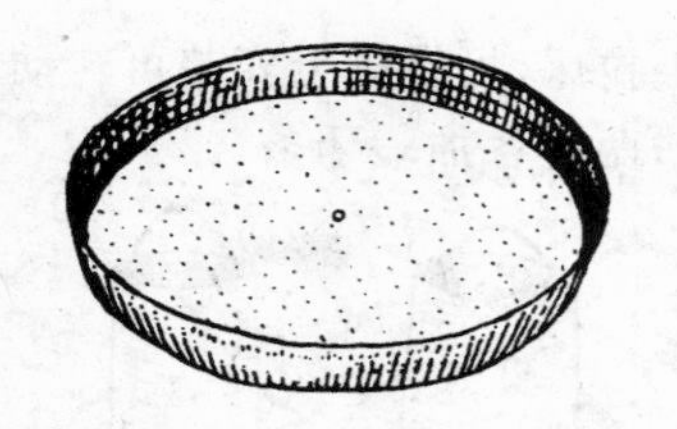

图 2-7　饲料浅盘

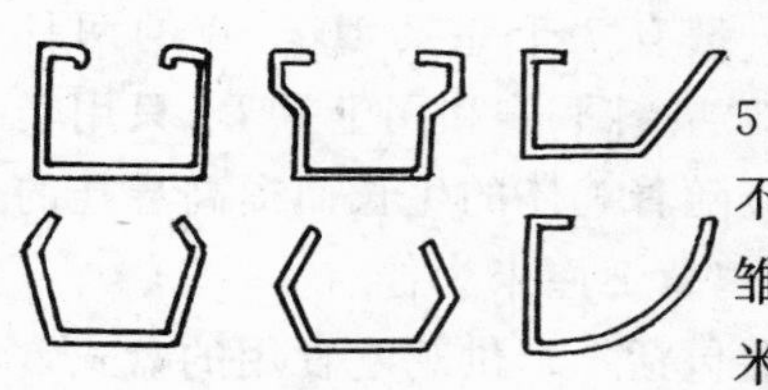

图 2-8　饲槽横截面形状

平养用的普通饲槽大多由 5 块木板钉成，根据鸡体大小不同，宽和高有差别（图 2-9）。雏鸡用的为平底，宽 5～7 厘米，两边稍斜，开口宽 10～20 厘米，槽高 5～6 厘米。大雏或成鸡用的，平底或尖底均可，槽

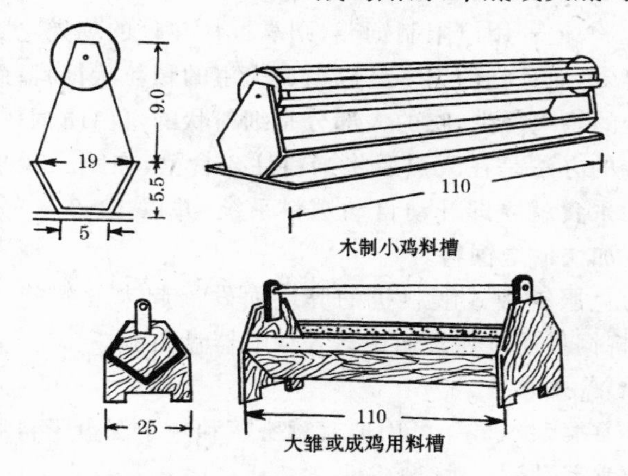

图 2-9 平养用的普通饲槽　（单位：厘米）

深 10～15厘米，长度 70～150 厘米不等。为了防止鸡蹲在槽

上拉屎,可在槽上安装可转动的横梁。为了防止槽踢饲料,在槽两边各加一牙条。

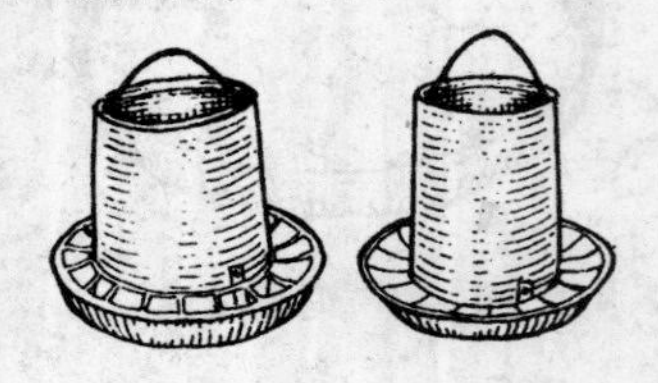

图 2-10　饲料桶

③饲料桶　饲料桶可由塑料或金属做成,圆筒内能盛较多的饲料,饲料可通过圆筒下缘与圆锥体之间的间隙自动流进浅盘内供鸡采食。目前,其容量有 7 千克及 10 千克的两种(图 2-10)。这种饲料桶适用于垫料平养和网上平养,只用于盛颗粒料和干粉料。饲料桶应随着鸡体的生长而提高悬挂的高度,以其浅盘槽面高度高出鸡背 2 厘米为佳。

④自动食槽　自动喂料器包括 1 个供鸡吃食用的盘式食槽及中央加料斗自动向盘式食槽中加料的机械装置。目前以链板式喂料机最为普遍,其工作可靠,维修方便,最大长度可达 300 米。但若用以限制饲养,则靠近料斗处的鸡先吃到饲料又吃得多,而且吃的大多是以糖类为主的颗粒状饲料;而靠近末端处的鸡吃得少,吃的大部分是细粉状的蛋白质饲料。克服此弊端的办法是在天黑后将饲料注入食槽,在第二天早上鸡一开始采食就立即开动自动送料系统,并以 12.2 米/分的运转速度加快输送饲料。

为克服链板式喂料机的弊端而发展起来的螺旋式给料器,是将饲料通过导管输送落入饲喂器盘内。

(4)给水设备

①自制饮水器　可用玻璃罐头瓶和一个深盘子自制简易自动饮水器。

具体做法是:将玻璃罐头瓶口用钳子夹掉约 1 厘米以形成缺口,再找一个深约 3 厘米的盘子,合在一起。使用时,将罐头瓶装满水,扣上盘子,一手托住瓶底,一手压住盘底,猛地一下翻转过来水自动流出,直至淹没缺口为止(图 2-11)。

图中的水盆是供大鸡用的,在水盆外用竹篾编成一个罩子,以防鸡进入水盆把水弄脏或扒洒。

自动饮水罐

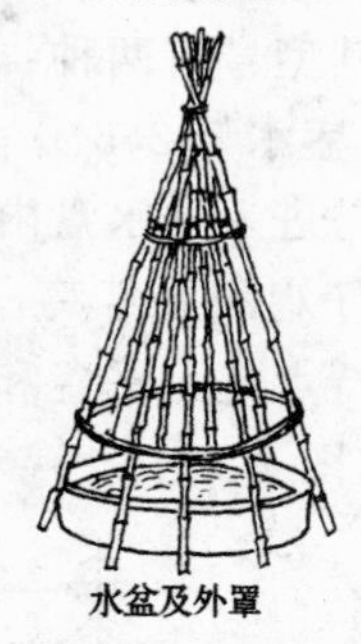

水盆及外罩

图 2-11　自制的饮水器

②长流水水槽　为防止水和饲料的腐蚀,目前市场上已有一种塑料水槽供应。这种水槽由槽体、封头、中间接头、下水管接头、控水管、橡皮塞等构成(图 2-12)。水槽长度可根据鸡舍或笼架长度安装。安装时,只要将一根水槽插入中间接头,然后粘接即可。水位高低通过控水管任意调节。清洗水槽时,只要拔出橡皮塞,就可放尽污水。

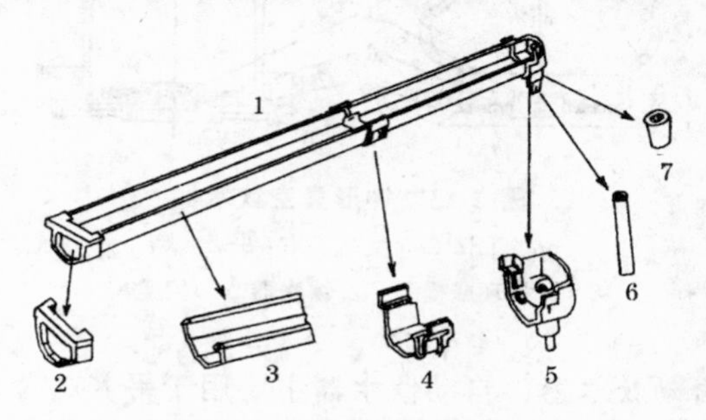

图 2-12　长流水水槽结构图

1. 外形　2. 封头　3. 水槽断端　4. 中间接头
5. 下水管接头　6. 控水管　7. 橡皮塞

③钟形真空饮水器　是利用水压密封真空的原理，使饮水盘中保持一定水位，大部分水贮存在饮水器的空腔中。鸡饮水后水位降低，饮水器内的清水能自行流出补充。饮水器盘底下有注水孔，装水时拧下盖，装水后翻转过来，水就从盘上桶边的小孔流出直至淹没了小孔，桶里的水也就不再往外淌了。鸡喝多少水，就流淌多少水，保持水平面稳定，直至水饮用完为止。其型号有两种：一种为 9SZ-2.5 型，适用于 0～4 周龄的雏鸡，盛水量 2.5 升，可同时供 15～20 只鸡饮水。其特点是雏鸡不易进入饮水盘内。另一种为 9SZ-4 型，适用于生长后期的肉用仔鸡和成年鸡，盛水量 4 升，可同时供 12～15 只鸡饮水。其特点是可平置和悬挂两用，随着鸡体的生长，可随时调整高度(图 2-13)。

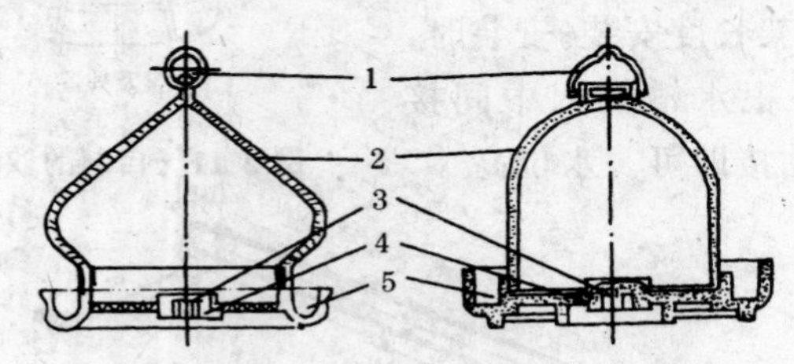

图 2-13　钟形真空饮水器

左：9SZ-2.5 型　　右：9SZ-4 型

1.吊环或提手　2.饮水器　3.闷盖

4.密封圈　　5.饮水盘

④自动饮水器　自动饮水器主要用于平养鸡舍。可自动保持饮水盘中有一定的水量。总体结构如图 2-14 左图。饮水器通过吊襻用绳索吊在天花板上，顶端的进水孔用软管与主水管相连接，进来的水通过控制阀门流入饮水盘供鸡饮用。为了防止鸡在活动中撞击饮水器而使水盘中的水外溢，给饮水

器配备了防晃装置。在悬挂饮水器时,水盘环状槽的槽口平面应与鸡体的背部等高。

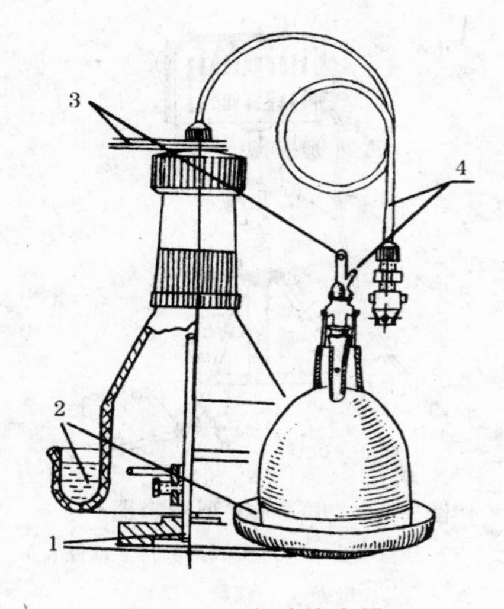

图 2-14 自动饮水器

左:结构图 右:实体

1.防晃装置 2.饮水盘 3.吊襻 4.进水管

(5)其他设备

①产蛋箱 饲养肉用种鸡采用二层式的产蛋箱,按每 4 只母鸡提供 1 个箱位配置,上层的踏板距离地面高度以不超过 60 厘米为宜,过高鸡不易跳上,容易造成排卵落入腹腔。每只产蛋箱大约 30 厘米宽,30 厘米高,32～38 厘米深(图 2-15)。在产蛋箱前面的下部有一高 6～8 厘米的边缘,用以防止产蛋箱内的垫料散落,产蛋箱的两侧及背面可采用栅条形式,以保持产蛋箱内空气流通,利于散热。也有的产蛋箱为集蛋方便,采用倾斜底面,其滚蛋角度为 9°～10°,在底面的前端外

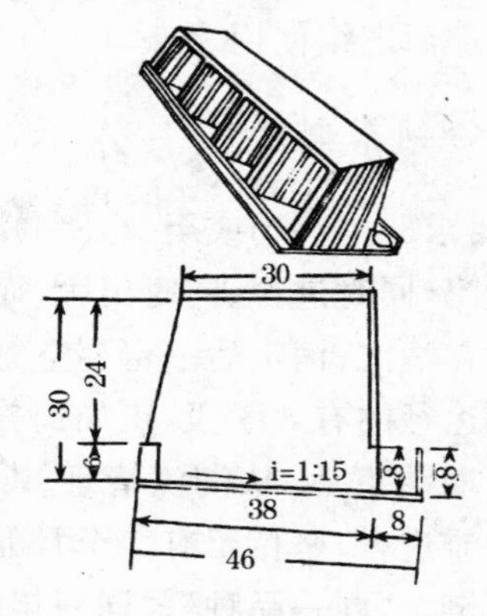

图 2-15 普通产蛋箱

(单位:厘米)

缘应有约 8 厘米高的缓冲挡板，防止鸡蛋滚落地面。

②断喙器　已定型的断喙器有 9QZ-800 型和 9QZ-820 型等产品(图 2-16)。操作时，机身的高低可因人进行调节。当电流通过断喙器的刀片时将其加热，刀片的最高温度可达 1 020℃。切喙时，将待切部分伸入切喙孔内，用脚踏板拉动刀片从上向下切，切后将喙轻轻在灼热的刀片上按一下，起消毒与止血的作用。一把刀片一般可切青年鸡 2 万只以上，不锋利时可修磨后继续使用。

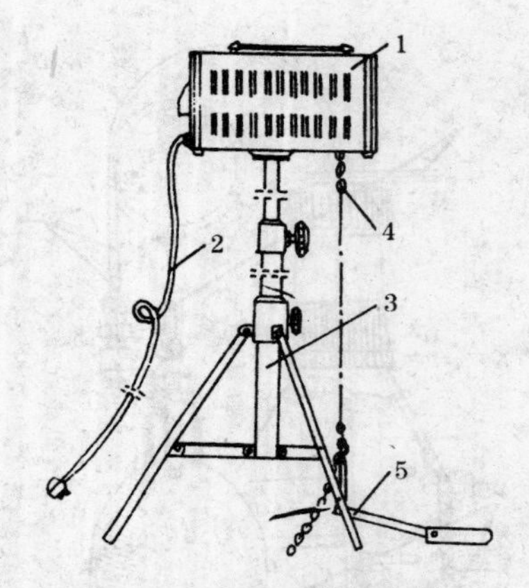

图 2-16　9QZ-820 型断喙器

1. 断喙机头　2. 电源线　3. 撑架部件　4. 链条　5. 踏脚板部件

(三)确立“全进全出”的饲养制度

“全进全出”的饲养制度要求一个鸡场或至少是一幢鸡舍只养同一品种、同一年龄组的鸡，同时进舍、同时出舍，而且从出售后到下次再进雏鸡，鸡舍在清洗、消毒后一定要空置一定的时间，这是切断传染病传播途径的有效手段。正如饲养种鸡的某单位在一群种鸡生产周期结束后，从淘汰清理、冲洗消毒、封闭熏蒸完毕到下一群种雏进舍，坚持留有 2 个月的空舍期，以切断病原微生物的传染链。“同一品种”、“同一年龄组”是为了防止不同品种、不同年龄组鸡之间的相互传染。而且由于清群后的消毒，可以有效地切断病原生物的增殖环节或继续感染。鸡舍腾空(空舍)的时间愈长,存活的致病因子就愈少。重要的是,在一批次或一幢鸡舍的肉鸡出售后,应立即对已污染的场地——鸡舍、用具等进行彻底的清洗消毒,它是预防和扑灭鸡传染病的重要手段。

所以采用"全进全出"的饲养制度是预防鸡的传染病、提高鸡的成活率和养鸡效益的最有效措施之一。

(四)内部的卫生管理

1. 养鸡现场的消毒措施

(1)房舍消毒

①清扫　凡使用过的鸡舍,其地面、墙壁、顶棚及附属设施均有灰尘、粪便、垫料、饲料、羽毛等沾污,都需一一清扫到鸡群接触不到的一定距离以外的处理场。为防止病原体扩散,应适当喷洒消毒液。对不易清洗干净的裂缝、椽子背面、排气孔口等地方,都要一处不漏地彻底清扫干净。

②水洗　在清扫的基础上进行水洗。要使消毒药液发挥效力,彻底刷洗干净是有效消毒的前提。所以,地面上的污物经水浸泡软化后,应用硬刷刷洗,如能采用动力喷水泵以高压冲刷更好。墙壁、门窗及固定的设备用水洗与手刷,目的是将污物刷净。如果鸡舍外排水设施不完善,则应在一开始就用消毒液清洗消毒,同时对被清洗的鸡舍周围亦要喷洒消毒药。

③干燥　一般在水洗干净后搁置1天左右使舍内干燥,如果水洗后立即喷洒消毒药液,其浓度即被消毒面的残留水滴所稀释,有碍于药液的渗透而降低消毒效果。

④消毒　消毒液的喷洒次序应该由上而下,先房顶、天花板,后墙壁、固定设施,最后是地面,不能漏掉有遮挡的部位。消毒药液的浓度是决定杀灭病毒、细菌能力的首要因素,因此

必须按规定的浓度使用。其喷洒量至少是每米^{2}2～3 升。有关熏蒸消毒的方法详见第五章“雏鸡的饲养与管理”。

(2)脚踏消毒池的设置 在鸡场门口和鸡舍门口设置消毒池，是防止病原微生物传播的重要措施之一。为发挥消毒池的效用，一要用适当浓度的消毒药液，二要间隔一定时间更新药液。

(3)鸡体喷雾消毒 它是最有效、省事又节约的防疫手段。过去的消毒方法仅仅针对鸡舍设施进行消毒，虽然污染鸡场的病原体由外部带入，但大部分病源来自鸡体本身。只要有鸡存在，鸡舍的污染程度会日益加重，所以不消毒鸡体而仅仅消毒容器是不能使养鸡场净化的，常见的传染病也不能消灭。

鸡体喷雾消毒，就是通过每天连续对鸡舍、鸡体喷洒消毒药液，杀死附着在鸡舍、鸡体上的病毒、细菌。它使鸡体体表(羽毛、皮肤)更加清洁，杀死和减少鸡舍内空中飘浮的病毒、细菌，沉降鸡舍内飘浮的尘埃，抑制氨气的发生和吸附氨气，使鸡舍内更加清洁。鸡体喷雾的作用除了预防马立克氏病外，还有利于预防呼吸器官疾病和各种常见传染病。

有的做法是，先把刚从孵化场进来的初生雏鸡，从进入育雏室之前就从头到脚用消毒液(阳离子表面活性剂)喷雾，之后直至成鸡阶段前每天喷雾。进入成鸡以后每隔 1～2 天喷雾1 次。其用量如按鸡舍消毒地面时每米^2 用 1.5～1.8 升喷洒到地面呈流淌程度，其使用浓度为 1 000 倍的稀释液。那么，鸡体喷雾时充其量不过每米^{2}60～240 毫升，而使用的浓度可为 500 倍的稀释液，也就是前者浓度的 2 倍。总之，喷雾量以鸡体完全湿润的程度为准。鸡体喷雾在把消毒液喷洒到鸡体上时，还必须注意：一是通风换气，使弄湿的鸡舍、鸡体尽快干燥；二是保持一定的温度，特别是入雏时的喷雾，要提前将育雏器温度比平时提高3℃～4℃。

还有的则是在50日龄后才开始带鸡喷雾消毒，一般情况下每周消毒1次，当发现有疫情时则每天消毒1次。

若以鸡体喷雾、鸡舍消毒、洗涤及防暑为目的，鸡舍的通风换气条件又好，宜用100微米雾滴类型的喷雾装置。在使用免疫疫苗的前后各2天共5天应停止用消毒药。

(4)饮水消毒 鸡的喙和鼻孔经常触及饮水器，因此饮水对鸡的呼吸器官疾病来说是重要的一个传染途径。饮水消毒是彻底地杀死饮用水中的细菌和病毒，是预防由饮水传播传染病的手段。消毒药在体外比抗生素和磺胺类药物有更强的杀菌力，且能更快地杀死细菌和病毒，但只要病原生物一进入体内与肠道的内容物一混合，消毒药液就失去了作用，充其量在咽喉部还能发挥一些作用。但也正好喉头部位是原发性呼吸器官疾病的病毒和细菌集聚的地方，因此如对这一部位进行消毒，当然是有价值的。

用漂白粉粉剂6～10克加入到1米^{3}水中拌匀，30分钟后即可饮用。

在使用免疫疫苗的前后各2天共5天应停止饮水消毒。

2. 改善鸡舍内部环境

由于鸡舍内饲养密度过大或通风不良，常可蓄积大量二氧化碳和由于粪便及垫料腐败发酵而产生的大量有害气体，当鸡舍内氨气的含量超过20毫克/升，硫化氢气体的含量超过6.6毫克/升，二氧化碳气体的含量超过0.15%时，可使人进入鸡舍后有烦闷感觉和刺激眼、鼻的感觉。鸡舍内有害气体的含量过高，会刺激呼吸道粘膜，降低抵抗力，容易感染经呼吸道传播的疾病，如鸡马立克氏病、鸡新城疫、鸡传染性支气管炎、大肠杆菌病和霉形体病等。

在冬季防寒很重要，密闭是应该的，但要在温暖无风的白天打开窗帘和门，背风面开得大些、向风面开得小些进行通风换气。

（五）外部的卫生管理

外部或对外的卫生管理，就是防止外部病原微生物侵入鸡场内的一项管理措施，主要是采取严格的隔离措施。

第一，鸡场周围应设隔离区，并设围墙、篱笆或防护隔栏等，设置大门。大门应上锁，防止来访者闯入和污染物的直接吹入。

第二，引进的种鸡、种蛋或商品鸡应来自无疫病鸡场，并了解育成过程中的疫病和防治情况。引入的种鸡需隔离观察1个月，经确认无病后再放入鸡群。雏鸡的发送不能在两个以上的鸡场巡回运行，只能由孵化场直接送到养鸡场。

第三，养鸡人员出入鸡舍要更换衣、鞋，绝不允许将工作服、鞋穿出舍外。场内饲养人员严禁在不同鸡舍之间互串，做到场内外、各生产区间、各鸡舍间、饲养人员之间的严格隔离。喂鸡前要洗手。养鸡人员不要在市场上买鸡吃，更不能吃病死鸡，以避免鸡的疫病通过养鸡人员带进鸡场。场内职工家属不准饲养家禽及观赏鸟。

第四，外来人员在进入鸡场前都要进行淋浴或其他消毒措施，并穿上规定的服装，且限定人数。

一切与鸡场无关的人员，均不得进入养殖区。迫不得已时，应邀的禽病专家也要经消毒和更换工作服后才能进入场区，应按规定路线在舍外观看，绝不能任意闯入鸡舍，应先看健康鸡群，再看假定健康鸡群、病鸡群、诊疗室，消毒后进入办公区。

第五，严格消毒。鸡场和鸡舍的进出口都要设消毒池，放置生石灰、烧碱等消毒药物。鸡舍、场地、用具等都要定期消毒。

第六，控制运输车辆，保证车辆进入鸡场时没有装载着家禽、禽蛋及其制品，且经清洗和消毒，即使送料车也应如此，应密切控制可能受到污染的车辆入内。鸡场内应设置各类专用车，避免发生交叉感染，用具严禁串用。

第七，家禽产品应安全装运，一旦接触货车，就要防止其重新返回鸡场。而返回鸡场的运蛋箱、运鸡笼也必须经过严格清洗消毒后才能进入场区，并应按规定的线路走出场区。

第八，保证饲料来源无致病菌污染，并制订进入鸡场的方法，要扫净散落在外面的饲料，以免吸引鼠类和鸟雀。

第九，保证饮水、垫料和其他补给品均无病原体污染。应对水源和垫料等喷洒消毒剂进行消毒处理。

第十，发现病鸡、死鸡应立即加以处理。病鸡隔离，死鸡和有典型症状的病鸡应送兽医检验，同时进行消毒，绝不可拖延。检验完毕和无须检验的病死鸡应进行无害化处理，可设置焚化炉进行焚化。

第十一，搞好鸡舍环境卫生，清洁鸡舍附近的垃圾和杂草堆，对粪便及其他污物的清除、贮存和处理都要注意安全。对运输道路要进行消毒，防止粪便的风蚀作用和人为因素而扩散病源。

第十二，封闭鸡舍，安装防雀网，防止野鸟进入鸡舍，定期灭鼠，以减少鼠类和苍蝇等昆虫的孳生繁衍。

（六）发生疫病时的扑灭措施

其一，及早发现疫情并尽快确诊。鸡群中出现精神沉郁、减食或不食、缩颈、尾下垂、眼半闭、喜卧不愿运动、下痢、呼吸困难(伸颈、张口呼吸)等症状的病鸡,此时应迅速将疑似病鸡隔离观察,并设法迅速确诊。

其二,隔离病鸡并及时将病死鸡从鸡舍取出,被污染的场地、鸡笼进行紧急消毒。严禁饲养人员与工作人员串舍来往,以免扩大传播。

其三,停止向本场引进新鸡,并禁止向外界出售本场的活鸡,待疾病确诊后再根据病的性质决定处理办法。

其四,病死鸡要深埋或焚烧,粪便必须经发酵处理,垫料可焚烧或作堆肥发酵。

其五,对全场的鸡进行相应疾病的紧急疫苗接种。对病鸡进行合理的治疗,对慢性传染病病鸡及早淘汰。

其六,若属烈性传染病,必须立即向当地行政主管部门上报疫情,一般应全群扑杀,深埋后彻底消毒、隔离。

第三章　肉鸡杂种优势的利用

一、对现代肉鸡鸡种的认识误区

第一，不了解、也不清楚现代肉鸡鸡种的繁育体系及不同鸡场的制种任务，有的购买了祖代鸡场、父母代鸡场不作制种用性别的雏鸡用于商品生产。甚至有的地方将商品肉鸡生产中长得快的上市销售，而将长得慢的鸡留下继续自繁，结果造成后代肉鸡生长速度等各项性能参差不齐，表现出性能的极度退化。

第二，目前饲养的良种肉用鸡大多是从国内外引进的父母代种鸡所繁殖、生产的苗鸡，由于引进渠道各异，鸡种来源繁杂，甚至有的在各鸡种间随意乱配，造成大量劣质鸡苗、杂鸡充斥市场。这是良种化管理不规范给养鸡户造成了苗鸡市场的雾里看花，越看越糊涂。

第三，在饲养的品种上没有做深入的市场调查和可行性论证，对不同鸡种的生产、销售、市场及效益等缺乏认真细致的考虑，片面追逐所谓的“名、特、新、奇”，轻信炒种者设置的圈套。

第四，种苗选择上一味追求价格便宜，忽视了生产性能等因素对效益的影响。雏鸡市场因许多小鸡场、小坑坊的纷纷参与，竞争日趋激烈，由于追求价格低廉造成了种蛋、种苗的来源复杂，甚至有的将商品代蛋用鸡（经雌雄鉴别后）的公雏充当肉用雏苗，鱼目混珠，充斥雏鸡市场。

第五，由于种蛋来源复杂，雏鸡的母源抗体水平差异很大，就容易造成免疫失败。也有少数坑坊为节约成本，对种群、雏苗不防疫，一些不了解实情又贪便宜的养殖户购买了这些苗雏后，常发生诸如鸡白痢等对鸡群危害极大的传染病。

二、现代肉鸡生产杂种优势的利用

(一)什么是杂种优势

当两个有差异的品种(或种群)杂交时，其杂种群体生产性能表现出超过两个亲本的平均水平，甚至优于双亲中的任何一个亲本。

一般认为，产生杂种优势的遗传基础，是两个亲本群体中显性有利基因的互补和增加了基因互作的机会。

所谓显性有利基因的互补，我们可作相对形象的阐述。假如控制肉鸡生长速度的基因是这么一套基因：A，B，C，D，E和F(一般经济性状都是由许多基因共同控制的)，相对应的是a，b，c，d，e和f。在遗传学上的书写中，大写字母对小写字母呈显性，所谓显性就是当A和a在一起时，表现出A基因的性状。作为一个个体，其细胞中每条同源染色体是成对(双)的(即二倍体)，而当个体在形成配子(精子、卵子)时，成对的染色体中只有一条存在，形成所谓的单倍体，当精子、卵子受精结合发育后形成的个体，此时又变成二倍体。

如果在一个品系里经过培育后，其基因纯合后是这么一个型式$\frac{A\ b\ C\ D\ e\ f}{A\ b\ C\ D\ e\ f}$(式中横线代表染色体，其上方或下方的字母是基因所在的位点上基因，一般又可写作

AAbbCCDDeeff);而在另一个品系里却是 $\frac{a\ B\ c\ d\ E\ F}{a\ B\ c\ d\ E\ F}$ (也可写作 aaBBccddEEFF),那么,当这两个品系交配后,所产生的杂交一代的基因型如下图所示:

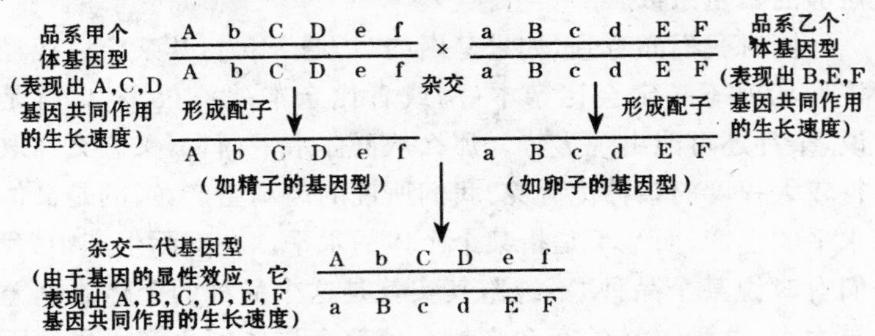

两个品系杂交1代基因型

假设A,B,C,D,E,F基因在生长速度上的贡献是等量的,由于大写字母的基因都对小写字母的基因表示显性,此时影响生长速度的A,B,C,D,E,F基因都集中于杂种一代,当然杂种一代的生长速度必然比其两个亲本要强得多。这就是杂种优势的理论——显性学说的简述。

那么,我们能不能将这些影响生产性能的有利基因(如A,B,C,D,E,F等)全部集中到一个品系内呢?实际上很难,甚至是不可能的。因为:一是控制某个经济性状的基因不仅仅这些(如假设的控制生长速度的基因是A,B,C,D,E,F),它是由多基因控制的(比A,B,C,D,E,F 6个基因还要多)。二是由于有些性状间在遗传上存在着负相关(如生长速度快的就不可能产蛋量高),因此不可能将它们选择在一个品系内。这正是为什么要通过配套杂交的全过程来完成的缘故。所谓配套,就是在一个系统之内各有分工不同,一般父系(在配套杂交中用做提供父本的品系)更注重生长速度的选择,而母系

（在配套杂交中用做提供母本的品系）更注重产蛋性能的选择。这种在配套杂交中分工负责、各司其职的选择，使杂交后代既得到一个较快的生长速度，而且其母本保证了生产中有足够的繁殖系数。

同时我们亦看到，如果基因的“巧遇”不当，其杂交后代经济性状就不一定会比亲本好，或者比亲本差得很多，也就是说，杂种还可能出现劣势。那么从群体水平而言，又怎么样取得较大程度的杂种优势呢？我们所说的肉鸡生产，指的是群体水平的生产，而绝不是指某个个体的水平。在实际生产中，我们有时说某个品种“不纯”，其实就是这个品种的个体之间差异太大，这种差异的存在必然会使整个群体的生产水平往下拉。所以在品系杂交之前，首要的是提高各个品系（群体）的纯度，这就涉及到品系培育的繁复过程，不在此赘述。

“杂种优势”这个名词，把“杂种”和“优势”连在了一起，因而被一些人误解为凡是杂种就有优势，或者说，只要杂交就有优势现象出现。其实不然，它要能表现出优势，是要有一定的条件的，而且刚才说的，有时杂交还会出现劣势。同时，即使有优势，也有大和小、强和弱之分。正因为如此，就要进行配合能力的测定来确定杂种优势的有无、大小和强弱。所谓配合力测定，就是在要进行测定的各个品系间组成N(N－1)个组合(N是指参加测定的品系数目）进行配种杂交，并比较它们的生产性能，看那一个杂交组合的生产性能比杂交的亲本好，还要看比亲本好的杂交组合中，那个组合的优势现象最明显。这个过程很复杂，也很费时。

所以说，绝不是“乱杂乱配”都能应用到生产中去的。

（二）现代肉鸡生产如何体现杂种优势的利用

鸡种的演变是肉用仔鸡业生产力发展水平的标志。初期，作为肉鸡饲养的是一些体型大的鸡种，如淡色婆罗门鸡、九斤黄鸡以及诸如芦花洛克、洛岛红、白色温多顿等兼用种。此外，还有白来航公鸡与婆罗门母鸡的杂交种。自 20 世纪 30 年代开始运用芦花洛克♂与洛岛红♀杂交一代生产肉鸡，犹如我国在 20 世纪 60 年代利用浦东鸡与新汉县鸡的杂交一代进行肉鸡生产一样，主要利用鸡品种间的杂交优势来进行肉用仔鸡的生产。运用体型大的标准品种或其杂交种进行肉鸡生产，是肉鸡生产发展初期的鸡种特点。

20 世纪 50 年代后，一些发达国家开始将玉米双杂交原理应用于家禽的育种工作中，特别着眼于群体的生产性能提高。采用新的育种方法育成许多纯系，然后采用系间的多元杂交生产出商品型杂交鸡，其生产性能整齐划一，且比亲本高 15%～20%。这是世界各国肉用仔鸡业快速发展的种源基础。

1. 现代专门化鸡种的繁育体系 20 世纪 50 年代开始的鸡的现代化育种工作，是以标准品种为基础，采用近交、闭锁等方法选育出基因型比较纯合的专门化品系，在配合力测定的基础上进行各品系间的（二元、三元或四元）杂交，并将商品杂交鸡用于生产。为了充分利用杂种优势，将商品杂交鸡的育种和制种工作正常地进行下去，由品种资源、纯系培育、配合力测定、祖代鸡场和父母代鸡场有机结合而成的良种繁育体系，是确保商品肉鸡生产性能高产稳定的根本。现将其中与肉鸡生产密切相关的制种阶段简介于下（图 3-1）。

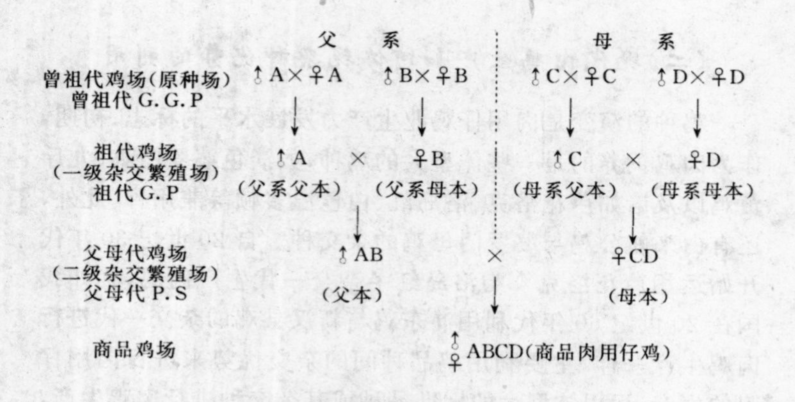

图 3-1 肉鸡良种繁育体系制种阶段示意图

说明:父系为配套杂交提供父本的品系,母系为配套杂交提供母本的品系,供应精子的个体叫父本,用符号"♂"表示,供应卵子的个体叫母本,用符号"♀"表示,"×"是两个具有不同遗传性状的个体之间的雌雄结合,即"杂交"的符号。

这是经过许多品系间正反杂交、经配合力测定后确立的制种生产模式,是从配合力测定结果中选出的杂交优势最好的组合。A,B,C,D 是分别代表 4 个专门化品系。其中 A 系和 C 系在制种过程中只提供公雏,而它们的母雏都将淘汰;B 系和 D 系在制种过程中只提供母雏,而它们的公雏将淘汰。各类鸡场的任务如下。

第一,原种鸡场是各专门化品系的纯繁场,同时向祖代鸡场提供♂A,♀B,♂C,♀D。

第二,祖代鸡场则要严格按配合力测定的结果所确定的配套模式(即♂A×♀B 与♂C×♀D)进行第一级杂交,并在所产生的后代中只留下♂AB 与♀CD 提供给父母代鸡场,其余的鸡雏即♀AB 与♂CD 均不得作为种鸡提供给父母代鸡场。

第三，父母代鸡场要严格按祖代鸡场提供的♂AB与♀CD进行第二级杂交，所产生的ABCD四元杂交的鸡雏供肉用仔鸡生产场进行商品生产。商品代的肉用仔鸡均不能再自繁留作种用，否则将因近亲繁殖而出现退化，导致后代鸡群生产性能的参差不齐和下降。

2. 现代专门化鸡种的制种繁殖技术 肉用种鸡是肉用仔鸡业发展的基础。目前，它的繁殖能力已提高到专门化品种父母代种鸡一个世代生产商品雏140只左右。肉用仔鸡专用种的繁殖，一般由原种（品系）繁殖、一级杂交（祖代鸡增殖）、二级杂交（父母代鸡增殖）及商品代种蛋的孵化所构成。祖代种鸡及父母代种鸡的繁殖性能（以星波罗鸡为例）分别见表3-1和表3-2。

表3-1 星波罗祖代种鸡生产性能

项　　目	母系雌鸡	父系雌鸡
开始产蛋时（25周）体重（千克）	2.59～2.78	2.70～2.90
产蛋率50%时周龄	27～28	29～30
产蛋高峰时周龄	31～33	31～33
入舍母鸡（62周）产蛋数（只）	144～152	113～119
入舍母鸡可孵种蛋数（蛋重＞54克）（只）	133～140	94～98
平均孵化率（%）	76～79	67～72
初生父母代种雌雏/入舍母鸡（只）	51～55	—
初生父母代种雄雏/入舍母鸡（只）	—	31～35
育成期（7～24周）死亡率（%）	7～10	7～9
产蛋期（24～62周）死亡率（%）	8～11	8～11

祖代父系和母系的繁殖性能比父母代差，而且父系的繁殖性能更低，为达到下一级繁殖时公母为15∶100的比例，祖

代父系与母系的搭配比例大致为 30∶100。

从表 3-1 中可以看到,祖代的母系雌鸡(即 D 系母鸡)62 周内可以得到入孵种蛋 133～140 只,孵化率为 76%～79%,一般可以得到 101～110 只雏鸡。由于制种所需 D 系只要母鸡,而在 101～110 只雏鸡中只有大约一半为小母雏,加之在育成期的死亡率等,所以 D 系母鸡为繁殖父母代(CD)作种用时,它的增殖倍数只能为 50 倍左右(a_1)。

表 3-2 星波罗父母代种鸡生产性能

项　　目	数　据
20 周龄体重(千克)	1.94～2.11
24 周龄体重(千克)	2.47～2.65
达 50%产蛋率周龄	27～28
产蛋高峰周龄	30～33
入舍母鸡(64 周)产蛋数(只)	168～178
入舍母鸡种蛋数(蛋重>52 克)(只)	158～166
平均孵化率(%)	84.0～86.5
每一入舍母鸡出雏数(只)	133～144
生长期(1～24 周)死亡率(%)	3～5
产蛋期(24～64 周)死亡率(%)	6.5～9.5

从表 3-1 中还可以看到,祖代的父系雌鸡(即 B 系母鸡)62 周内只能得到入孵种蛋 94～98 只,平均孵化率只有 67%～72%,一般只可能得到 62～70 只小雏鸡,其中只有一半为小母雏,加之育成期间的死亡率,一般 B 系母鸡为繁殖父母代(AB)作种用时,它的增殖倍数为 30～32 倍(a_2)。

应保证在父母代配种期间公母比例(AB♂∶CD♀)为 1∶10 左右。而在选择优秀 AB 公鸡作种用时,考虑到 20 周龄前的死亡与淘汰率为 30%～40%，所以在其入雏时的公母比例一般按 18～15∶100(b)，这样祖代的父系与母系的搭配比率为 30∶100(c)。上述数据的计算大致是：

	B系		D系
祖代各系的增殖倍数	30(a_2)		50(a_1)
祖代父系与母系的比率	30		100(c)
×			
父母代入雏时公母比例	900		5000
即为	18	∶	100(b)

由于在制取父母代父本公鸡时淘汰率较高，所以上述的 18∶100的比例是适中的。

这种二级杂交的制种体系，使 1 个祖代母系母鸡经过二级杂交产生 7 000 倍的后代，可见其繁殖系数之大。

从表 3-2 中可见，1 只 CD 单交种母鸡 64 周可产 158～166 只种蛋，按 84%～86.5%的孵化率算，可产生 133～144 只商品代苗雏〔140 倍(d)〕。

从表 3-1，表 3-2 中可见，1 只 D 系母鸡在制种形成单交种 CD 系母鸡时增殖为 50 倍(a_1)，而 CD 系母鸡的 64 周繁殖系数为 140(d)，两者相乘就是 1 只 D 系母鸡经二级杂交后的增殖倍数(7 000 倍)。

在各级杂交时，公母鸡入雏比例一般都在 15～18∶100，由于淘汰和死亡，到 20 周龄时约为 1∶10，即第一级杂交时♂A∶♀B(1∶10)，♂C∶♀D(1∶10)；第二级杂交时♂AB∶♀CD(1∶10)。

按照上述各系的生产性能就可以安排全年的生产计划。如果要达到年产 1 400 万只肉鸡，可以按上述各项比例作逆行推算如下：

(1) **父母代**　根据 1 只父母代母系母鸡的增殖率为 140 (d)，就可以计算出生产 1 400 万只肉鸡所需要的父母代母系的母鸡数为 1400 万÷140(d)＝10 万只(e)。

由上述数据(e)按 18∶100(b)的公母比例，可以计算出父母代父本的公鸡数为 10 万×18%＝1.8 万只。

(2) **祖代**　按 D 系增殖倍数为 50(a_1)计算，若生产 10 万只(e)父母代母系母鸡，则需要祖代母系母本(D 系母鸡)数为 10 万÷50＝2 000 只。

由祖代母系的需要量，根据 30∶100(c)的比例，可以计算出祖代父系母本(B 系母鸡)的需要量为 2 000 只×30%＝600 只。

而各系的父本公鸡数量均以按 15∶100 的比例配置为好。

由计算得出各级杂交亲本的数量后，可参照各鸡场的种鸡舍实际情况，将 10 万只父母代种鸡按全年等分成若干批次引进。如每月引进一批，则每批引进约 8 400 只种鸡，按种鸡舍周转的实际情况(每幢种鸡舍只能进同一批的种鸡)，亦可每月初进 4 200 只，月中再进 4 200 只。总之，如果想每月或每周基本得到同样多的肉用仔鸡，就必须在同一间隔时间引进种鸡。

应当指出的是：在父母代阶段(第二级杂交配种时)一般无须进行选择，所以引入的父母代雏鸡，除去在饲养过程中的死亡、病态以及种公鸡进行少量淘汰外，母本应该均可作种用。而祖代鸡阶段(第一级杂交配种时)，父系与母系实际引入的数量比所需的祖代鸡数量为多，其选择强度要根据各种鸡公司的引种说明要求而定。

3. 我国黄羽肉鸡的制种与育种　我国早期培育的2个黄羽肉鸡配套杂交体系，其商品肉鸡是由三元二级杂交而来的。其配套杂交体系见图3-2。

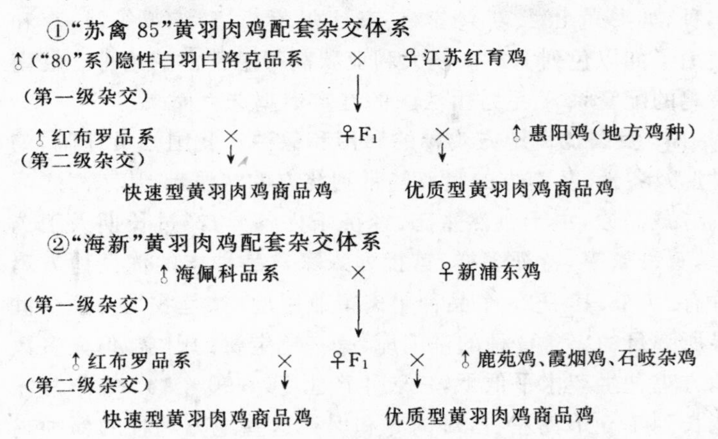

图3-2　二套黄羽肉鸡配套杂交体系

在该制种模式中，母系先进行第一级杂交，如用"80"系公鸡与江苏红育鸡母鸡杂交(犹如四元杂交中的♂C×♀D)，其产生的后代(即F_1代)只留母鸡作种用，然后在第二级杂交时，直接用一个专门化品系的公鸡(犹如四元杂交中的A系公鸡)与F_1代母鸡杂交[惠阳鸡公鸡(♂A)×F_1代母鸡(♀CD)]产生ACD三元杂交的后代，供生产商品肉鸡用。

上述配套的另一个特点是，F_1代的母鸡在第二级杂交时，可根据市场的需求选配不同的第二父本公鸡。当市场需要快速型黄羽肉鸡商品鸡时，其第二父本可用红布罗等快速肉鸡型的品系公鸡与配；当市场需要优质型黄羽肉鸡商品鸡时，其第二父本可选用肉品质优秀的惠阳鸡等我国优良的地方鸡种的公鸡与配。这种灵活的转换形式是对市场的应变适应。

在当前黄羽肉鸡生产中所应用的一些黄羽鸡种，大部分是在利用我国的一些地方优良鸡种基础上，从改善其生产效率、提高生长速度出发，一般都引入了国外的生长速度快的肉鸡种，如粤黄882、新兴黄鸡、康达尔黄鸡、黔黄鸡等，培育和使用了如以色列K277、澳大利亚狄高等隐性白羽鸡种。岭南黄鸡的配套系A系是由法国的红宝肉鸡选育而来。

4. 我国优良地方鸡种的利用和保种　我国幅员辽阔，鸡种遍及各地，从南方的暖亚热带到北方的寒温带，从东海之滨到青藏高原，由于自然生态、经济条件各异，经过长期人工选择，鸡种繁多，特征多样，首批列入家禽品种志的优良地方鸡种有27个，其中23个品种是肉蛋兼用型。这是我国乃至全世界所瞩目的家禽育种的基因库，是一笔宝贵的财富。但大多数地方鸡种生产水平低下，一般年产蛋70～90个，4～5个月才能长到1.5千克左右，对饲养和保存这些地方鸡种的保种鸡场来说，经济效益差。如何既保住鸡种、不至于流失，又发挥其优质的肉用性能，达到增值的效果呢？江苏省家禽研究所在20世纪80年代，曾用经长期选育而成的隐性白羽白洛克品系(80系)作父本，分别与诸如浙江省的萧山鸡、江苏省的鹿苑鸡、太湖鸡、如皋鸡等地方优良鸡种进行杂交。这种经济杂交方法简单易行，杂交后代的毛色酷似地方鸡种，生长速度又普遍比地方鸡种快30%～50%，70～80天达1.5千克即可上市，肉质鲜嫩可口，经济效益明显。

这种做法，基本上不增加设备投资，但要安排好地方鸡种的保存(纯繁)和利用(杂交)的时间，例如每年的新种鸡开产后，即2～5月份先搞纯繁，然后更换公鸡(只需更换公鸡的费用，由于母鸡群没有变更，所以没有必要增添其他任何设施)，从6～12月份都搞杂交利用。如果前期保种需要时间较短，也可提前搞杂交，这就有效地提高了地方鸡种蛋的利用效率和价值，即把5～6月份以后原本用作商品的蛋转变为种用蛋使用，这种方法简单易行，花销很少，又加快了黄羽肉鸡的繁殖。

这种经济杂交的生产组织形式，可以概括为图3-3所示。

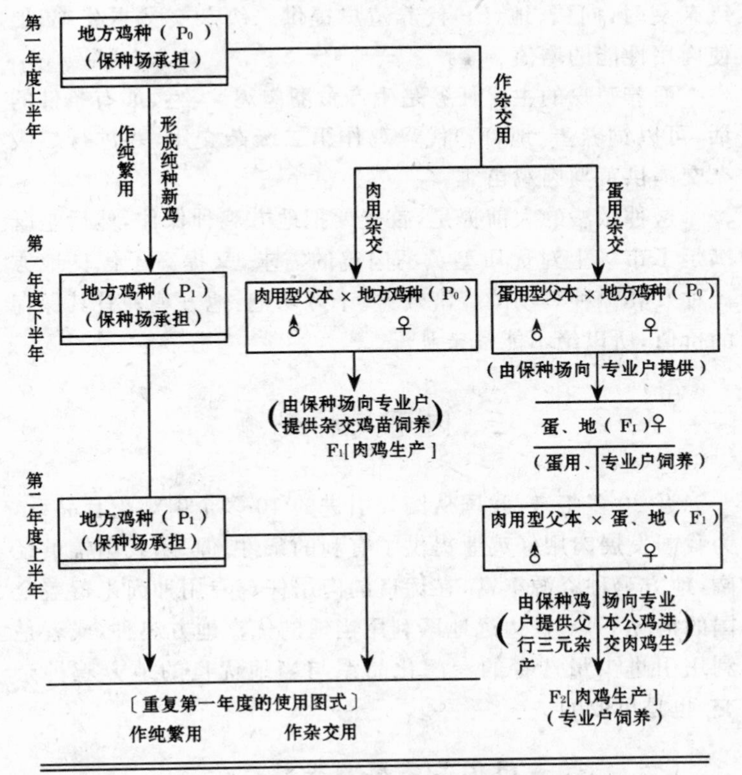

图3-3 经济杂交生产流程

保种鸡场的任务是：①保存地方鸡种；②向养殖户提供杂交的黄羽肉鸡苗雏；③在保种的前提下，可先用中型蛋用型（一般产褐壳蛋）公鸡作父本（仅引进种公鸡）与地方鸡种母鸡杂交，以提高其 F_1（蛋、地）代的产蛋性能，然后在进行第二级杂交时，向蛋、地（F_1）代养殖户提供二级杂交父本公鸡，促使肉用性能的增值。

而养殖户的主要任务是生产黄羽肉鸡。当然，如有条件的话，可以饲养蛋、地（F_1）代母鸡作第二级杂交用，并进行二级杂交提供黄羽肉鸡苗雏。

这种做法的大前提是，首先要把地方鸡种保住，然后是既满足了市场上对优质型黄羽肉鸡的需求，又提高了优良地方鸡种及其保种鸡场的经济效益。千万切记：地方鸡种有其保存的价值，所以绝不能乱杂乱配。

三、肉用鸡种资源

近 20 多年来，我国从国外引进的 10 多个肉鸡配套品系，为我国发展肉用仔鸡业提供了有利的条件。但是，我国幅员辽阔，地方鸡种资源丰富，在优良的肉用仔鸡专用种尚未覆盖全国的情况下，一些边远地区利用当地的优良地方鸡种，或者是利用引进少量选育的专门化品系与当地优良的地方鸡种杂交，也是可取的。

（一）现代专门化品系肉用鸡种

采用 2～4 个专门化的肉用品种或品系间配套杂交进行肉用仔鸡的生产，是当前国际上肉用仔鸡生产的主流。表 3-3 列出了从国外引进的部分专门化肉用仔鸡鸡种及其商品代的生产性能。

表 3-3 部分商品肉用仔鸡的生产性能 (单位:千克)

国别	鸡种名称	项目	42天	49天	56天	63天	特色
美国	A·A鸡	体重	♂2.0 ♀1.72	♂2.5 ♀2.11	♂2.99 ♀2.49	♂3.46 ♀2.85	
		耗料比	1.73～1.79	1.89～1.95	1.95～2.07	2.11～2.18	
	哈巴德鸡	体重	1.55	1.9	2.28	2.61	伴性遗传
		耗料比	1.87	2.04	2.22	2.40	快、慢羽
	科布鸡	体重	1.66	2.07	2.42	2.73	伴性遗传
		耗料比	1.9	1.97	2.05	2.27	金、银色
	塔特姆鸡	体重	1.62	2.05	2.47	2.81	白羽
		耗料比	1.83	1.97	2.05	2.15	
		体重	1.52	1.89	2.22	2.47	红羽
		耗料比	1.85	2.0	2.20	2.22	
荷兰	海布罗鸡	体重	1.59	1.95	2.32	2.69	
		耗料比	1.84	1.96	2.08	2.20	
	海佩科鸡	体重		1.62			红羽
		耗料比		2.41			
英国	马歇尔鸡	体重	1.69	2.05	2.49	2.95	
		耗料比	1.88	2.02	2.13	2.27	
	罗斯1号鸡	体重	1.67	2.09	2.50	2.92	伴性遗传
		耗料比	1.89	2.01	2.15	2.28	快、慢羽

续表 3-3

国别	鸡种名称	项　目	42 天	49 天	56 天	63 天	特　色
加拿大	星波罗鸡	体　重	1.49	1.84	2.17	2.54	
		耗料比	1.81	1.92	2.04	2.15	
	红布罗鸡	体　重	1.37	1.72	1.92		红羽
		耗料比	1.87	2.02	2.35		
德国	罗曼鸡	体　重	1.65	2.0	2.35	2.70	
		耗料比	1.90	2.05	2.20	2.36	
法国	伊莎(明星)鸡	体　重	1.56	1.95	2.34	2.73	种鸡伴性矮脚
		耗量比	1.80	1.95	2.10	2.28	
丹麦	爱莎鸡	体　重	1.61	1.95	2.20	2.45	
		耗料比	1.80	1.90	2.05	2.30	
澳大利亚	狄高 TM 70 鸡	体　重	♂1.95 ♀1.69	♂2.42 ♀2.06	♂2.89 ♀2.43		黄羽
		耗料比	1.84	1.96	2.09		
以色列	安纳 180 鸡	体　重		2.10			黄羽
		耗料比		1.92			

注:体重未注明公(♂)母(♀)者,均为公母平均数据

这些引进鸡种的商品代生长速度快,饲料转化率高,但肉质欠佳。为此,由农业部主持,在“六五”、“七五”期间由中国农业科学院畜牧研究所、江苏省家禽研究所等单位协作攻关,培育出“苏禽 85”、“海新”等黄羽肉鸡配套杂交体系。其特色是:

其一,大多采用三元(3 个品系)杂交生产商品肉鸡;

其二,与 F_1 代母鸡进行第二级杂交时,可根据市场的需求,变更第二级杂交的父本即可得到不同羽色(白羽或黄羽)、不同生长速度(快速型 70 日龄体重 1.5 千克,优质型 90 日龄

体重1.5千克)的快速型白羽肉鸡(8周龄体重1.5千克以上)、黄羽肉鸡和优质型黄羽肉鸡;

其三,配制生产优质型的黄羽肉鸡时,所选用的第二级杂交父本大多是我国优良的地方鸡种,所以其杂交后代具有三黄鸡特色——骨细、皮下脂肪适度并有土鸡风味。

由我国地方黄羽鸡种与引进肉鸡品种杂交选育而成的肉鸡配套系有:

石岐鸡新配套:产于广东省中山市。母鸡体羽麻黄,公鸡红黄羽,胫黄、皮肤橙黄色,30周龄公鸡体重3.15千克,母鸡体重2.65千克。商品鸡10周龄体重1.38千克,耗料3.96千克,肉料比1∶2.89;14周龄体重1.95千克,耗料6.37千克,肉料比1∶3.27。。

新兴黄鸡2号:由华南农业大学与温氏南方家禽育种有限公司合作培育。抗逆性强,能适应粗放管理,毛色、体形匀称。父母代24周龄开产,体重2.2千克,66周产蛋共计163个,可提供126只苗雏。商品代鸡10周龄体重1.55千克,肉料比1∶2.7。

岭南黄鸡:是广东省农业科学院畜牧研究所培育的黄羽肉鸡,具有生产性能高、抗逆性强、体形外观美观、肉质好和三黄特征。父母代500日龄产蛋量150～180个,可提供100～146只苗雏。商品鸡分70日龄,90日龄和105日龄体重达2千克重的3种类型,它们的肉料比分别是1∶2.8,1∶3和1∶3.5。

(二)我国优良肉鸡品种

我国肉鸡品种资源丰富,尤以其肉质鲜美闻名于世,国际上育成的许多标准品种如芦花鸡、奥品顿、澳洲黑等兼用种,大多有我国九斤黄、狼山鸡的血缘。近20年来风行于我国南北的“石岐杂”优质黄羽肉鸡，亦是以我国优良地方鸡种“惠阳鸡”为主要亲本与外来品种红色科尼什、新汉县、白洛克等进行复杂杂交选育而成的商品肉用鸡种。现将我国部分优良肉用鸡种简介如下。

惠阳鸡

（1）产地 主要产于广东省博罗、惠阳、惠东、龙门等东江地区。素以肉质鲜美、皮脆骨细、鸡味浓郁、肥育性能好而在港澳活鸡市场久负盛誉，售价特高。

（2）外貌特征 惠阳鸡胸深背短，后躯丰满，蹠短，黄喙、黄羽、黄蹠，其突出的特征是颔下有发达而张开的细羽毛，状似胡须，故又名三黄胡须鸡。头稍大，单冠直立，无肉髯或仅有很小的肉垂。主尾羽与主翼羽的背面常呈黑色，但也有全黄色的。皮肤淡黄色，毛孔浅而细，宰后去毛其皮质显得细而光滑。

（3）生产性能 在放牧饲养条件下，一般青年小母鸡需经6个月才能达到性成熟，体重约1.2千克。但此时经笼养12～15天，可净增重0.35～0.4千克，耗料比为3.65∶1。这种经前期放养、后期笼养肥育而成的肉鸡，品质最佳，鸡味最浓。

惠阳鸡的产蛋性能低，就巢性强，一般年产蛋70～80个，蛋重平均47克，蛋壳呈米黄色。

石岐杂鸡

（1）产地 该鸡种于20世纪60年代中期由香港渔农处和香港的几家育种场，选用广东的惠阳鸡、清远麻鸡和石岐鸡改良而成。为保持其三黄外貌、骨细肉嫩、鸡味鲜浓等特点，改进其繁殖力低与生长慢等缺点，曾先后引进新汉县、白洛克、科尼什和哈巴德等外来鸡种的血缘，得到了较为理想的杂交后代——石岐杂。它的肉质与惠阳鸡相仿，而生长速度及产蛋性能均比上述3个地方鸡种好。到20世纪70年代末，已发展成为香港肉鸡的当家品种，且牢牢占领了港、澳特区的活鸡市场，年上市量达2000万只以上。

(2)外貌特征 该鸡种保持着三黄鸡的黄毛、黄皮、黄脚、短脚、圆身、薄皮、细骨、肉厚、味浓的特点。

(3)生产性能 母鸡年产蛋120～140个，青年小母鸡饲养110～120天平均体重在1.75千克以上，公鸡在2千克以上，全期肉料比为1：3.2～3.4。青年小母鸡半净膛屠宰率为75%～82%，胸肌占活重的11%～18%，腿肌占活重的12%～14%。

清远麻鸡

(1)产地 产于广东省清远市一带。它以体型小、骨细、皮脆、肉质嫩滑、鸡味浓而成为有名的地方肉用鸡种。

(2)外貌特征 该鸡种的母鸡全身羽毛为深黄麻色，脚短而细，头小，单冠，喙黄色，脚色有黄、黑两种。公鸡羽毛深红色，尾羽及主翼羽呈黑色。

(3)生产性能 年产蛋量78～100个。成年公鸡平均重1.25千克，成年母鸡平均重1千克左右。母鸡半净膛屠宰率平均为85%，公鸡为83.7%。

桃源鸡

(1)产地 产于湖南省桃源县一带。它以体型大、耐粗放、肉质好而为民间所喜养。

(2)外貌特征 公鸡颈羽金黄色与黑色相间，体羽金黄色或红色，主尾羽呈黑色。母鸡羽色分黄羽型和麻羽型两种，其腹羽均为黄色，主尾羽、主翼羽均为黑色。喙、脚多为青灰色。

（3）生产性能 桃源鸡早期生长慢且性成熟晚。年平均产蛋100～150个，平均蛋重53克。成年公鸡体重为4～4.5千克，成年母鸡体重为3～3.5千克。

桃源鸡属于重型地方鸡种，因脚高、骨粗、生长慢，不适合港、澳特区市场的需求。

萧山鸡

（1）产地 产于浙江省杭州市萧山区一带。是我国优良的肉蛋兼用型地方鸡种。

（2）外貌特征 萧山鸡体型较大，单冠，喙、蹠及皮肤均为黄色。羽毛颜色大部分为红、黄两种。公鸡偏红羽者多，主尾羽为黑色；母鸡黄色和淡黄色的占群体的60%以上，其余为栗壳色或麻色。

（3）生产性能 早期生长较快。母鸡开产日龄为180天，年产蛋130～150个，蛋重50～55克。成年公鸡体重3～3.5千克，成年母鸡体重2～2.5千克。肥育性能好，肉质细嫩，鸡味浓，缺点是脚高、骨粗，胸肌不丰满。

新浦东鸡

（1）产地 新浦东鸡是上海市于1971年采用浦东鸡与白洛克、红色科尼什进行杂交育种，经比较几种杂交组合之后选出的最优组合，现已形成4个原系。

（2）生产性能 新浦东鸡70日龄公母平均体重达1.5千克左右，保存了体大、肉质鲜美等特点，提高了早期生长速度和产蛋性能，体形、毛色基本一致，是一个遗传性基本稳定的配套品系。

鹿苑鸡

(1)产地 产于江苏省张家港市鹿苑镇一带。

(2)外貌特征 喙黄、脚黄、皮黄,羽色以淡黄色与黄麻色两种为主,躯干宽而长,胸深,背腰平直。公鸡的镰羽短,呈黑色,主翼羽也有黑斑。

(3)生产性能 母鸡平均年产蛋126个,性成熟早,开产日龄为184天(150～230天),蛋重50克左右。据测定,公鸡体重平均为2.6千克,母鸡体重平均为1.9千克。属体型大、肉质鲜美的肉用型地方优良品种。

北京油鸡

(1)产地 产于北京市的德胜门和安定门一带。相传是古代给皇帝的贡品。

(2)外貌特征 因其冠毛(在头的顶部)、髯毛和蹠毛甚为发达而俗称“三毛鸡”。油鸡的体躯小,羽毛丰满而头小,体羽分为金黄色与褐色两种。皮肤、蹠和喙均为黄色。成年公鸡体重约为2.5千克,成年母鸡体重为1.8千克。

(3)生产性能 初产日龄约270天,年产蛋120～125个,就巢性强,蛋重57～60克。皮下脂肪及体内脂肪丰满,肉质细嫩,鸡味香浓,是适于后期肥育的优质肉用鸡种。

我国地方良种鸡很多,尚有河南省的固始鸡,山东省的寿光鸡,内蒙古自治区、山西省的边鸡,贵州省的贵农黄鸡,东北地区的大骨鸡,辽宁省的庄河鸡和江苏省的狼山鸡等。

四、如何选择种鸡雏和商品鸡雏

了解市场行情，正确地选养适销对路的种鸡雏和商品鸡雏，是养好肉用种鸡和肉用仔鸡的关键。主要应从以下几个方面考虑。

第一，为了选好鸡种，养种鸡的单位一定要到经过验收合格的祖代鸡场选购优良的单杂交的父母代鸡，然后按繁育体系的杂交方案进行第二级三元或四元杂交（即 A×CD 或 AB×CD），这样就能得到符合商品要求的鸡雏。

第二，专门养肉用仔鸡的专业鸡场和养殖户，在选养鸡雏前，应选择适销对路的肉用仔鸡鸡雏（白羽还是黄羽，快速型还是优质型），除摸清楚商品鸡的准确来源、生产性能和疫源情况外，还要考虑饲料和饲养条件，制定有效的防疫程序，使品种的良好生产性能，在良好的饲养管理条件下得以充分发挥。

第三，一个鸡场应饲养一个品种的鸡，一个养殖地区（如村）以养殖一个品种为好。这是因为不同的品种各有不同的特定传染病，如果不同的品种饲养在一起，就可能发生疾病的交叉传染而难以控制。

第四，对鸡雏苗的外观选择，可以从诸多方面着手：出壳雏鸡应绒毛清洁、有光泽；眼大而有神；精神活泼、反应灵活；脚站立行走稳健，腿爪圆润，无干瘪脱水现象，无畸形；泄殖腔周围干爽；腹内卵黄吸收良好，腹部大小适中，脐环闭合良好；体态大小匀称；手握雏鸡有较强的挣脱力；雏鸡叫声清脆，不像体弱者鸣叫不止等。

第五，应尽量避免长途运输鸡苗，万不得已时应注意以下几点。

一是鸡雏出壳时间应未超过 18 小时。

二是装箱要适量。运雏鸡最好用专门的运雏箱，雏鸡箱规格与装雏鸡数量见表 3-4。

表 3-4 运雏箱的一般规格

规格（长×宽×高，厘米）	容纳雏鸡数（只）
15×13×18	12
30×23×18	25
45×30×18	50
50×35×18	80
60×45×18	100（常用）
120×60×18	200

三是出发时间要适宜。夏季要在早晨或傍晚运输，避开高温时间；冬季最好在中午运输。途中不宜停留。事前应加足运输机动车辆用油，应带些方便食品随车就餐，尽量减少在途中的滞留时间，尽早按时到达目的地。

四是途中运输速度要适中，一般以控制在 40～50 千米/小时为好。特别是在路面状况不好及转弯时，更要放慢车速，以免因外力使箱中鸡雏倒向一侧发生挤堆现象。

五是要保持车厢内温度适宜和通风透气。雏鸡箱应码放整齐，并适当挤紧，以防止中途倾斜压坏雏鸡。夏季应在车厢内底板上放垫板并洒水，以有利于通风及蒸发散热。车厢内温度应保持在 30℃～34℃，空气要新鲜，如温度过高，在打开空调降温的同时，也要打开车窗，以防止雏鸡因缺氧呼吸困难而窒息死亡。

在运输途中，每隔半小时要观察一次雏鸡的表现。如发现雏鸡张嘴、展翅、叫声刺耳、骚动不安，这是温度过高的表现；如发现雏鸡扎堆，并发出叽叽的鸣叫声，用手触摸鸡脚明显发凉，说明温度过低。当出现上述情况时，要及时将上下、左右、前后雏鸡箱对调更换位置，以利于通风散热或保温。当温度适宜时，雏鸡分布均匀，叫声清脆有力，活泼、好动、欢快，有时可见雏鸡啄垫纸，有觅食欲望，休息时呈舒适安逸状。

第四章　科学配合饲料，满足鸡体营养需求

一、在肉鸡饲料、营养与饲粮方面常见的主要问题

其一，一些养殖户出于对饲料质量的疑虑，往往同时从两家以上的饲料厂购料，再混合饲喂。

其二，由于求高产心切，过分重视营养浓度。明明已购买的是全价饲料，但饲喂时仍要加喂一定量的鱼粉、鱼干、蚕蛹和鱼肝油等，造成各营养要素间的失衡。

其三，有些养殖户为节约成本，自配饲料，但由于专业知识缺乏，配制的饲料质量难以保证。有的全部采用单一饲料，有啥吃啥；有些养殖户使用小麦、稻谷代替玉米，或是用水分含量大、杂质多的玉米，致使总体能量低，蛋白质含量稍高，质量欠佳；有的虽然采用了动、植物饲料搭配，但无机盐饲料严重失衡，经常出现日粮中钙大大超量，磷严重不足；有的根本没有添加预混料的意识，只是象征性地加入一些多维素。

其四，饲料更换过分频繁。有的养殖户盲目地选择饲料，对一个厂家的饲料用一段时间后感觉不理想马上就更换另一厂家的饲料，更换后还觉得不理想就再更换，反正有的是各式各样的“品牌”。饲料的频繁更换，会引起鸡的应激反应，对鸡体不利。

其五，经营饲料的厂家、商家多如牛毛，饲料的档次参差

不齐。有的厂家为利润驱动，生产一些低营养浓度的饲料，用低价来迷惑饲养户，而饲养户也往往为了降低成本而受骗上当，选用了这些不合格产品。肉鸡因饲料营养浓度低而大量采食，既造成饲料浪费，又影响肉鸡生长速度。结果不但没有降低生产成本，而且还带来经济损失。对饲料的颜色、气味等外观性能有怀疑的要慎重选择。

二、配合饲料与平衡日粮

（一）为什么要配合饲料

千百年来，“老太太”式的养鸡习俗就是一把稻子、一把谷子——“有啥喂啥”。可是，这种方式是养不好鸡的。

首先，“有啥喂啥”一般都以廉价的单一化的稻谷、玉米或高粱喂鸡，这些饲料都属碳水化合物的能量饲料，蛋白质含量很低。这些饲料在鸡体内被氧化后转变成热能，作为呼吸、运动、消化以及维持体温等生命活动的能源。可是养鸡的目的是要得到更多的肉和蛋，而肉和蛋的组成都是以蛋白质为主的：鸡蛋的蛋白质占12.7%，鸡肉的蛋白质占23.3%，羽毛含有94%的蛋白质。饲料中蛋白质不足，母鸡产蛋就减少甚至停产，肉鸡生长缓慢，换羽的鸡迟迟长不出新羽毛。体内虽然有更多的碳水化合物，但它替代不了蛋白质的作用。这就是“老太太”式饲养的鸡长不快、产蛋不多的原因。

其次，单一化的饲料还会带来许多弊病，可能会由于某种营养的缺乏或不足引起营养性的疾病，乃至危及生命。如玉米含钙少，磷也偏低，长期用这种钙、磷不足的饲料喂鸡，幼雏鸡会发生骨骼畸形，关节肿大，生长停滞。成年鸡可出现骨软、骨质疏松、骨壁薄而易折断。产蛋鸡产薄壳蛋、软壳蛋，产蛋率下降，严重时双腿瘫痪，以至危及生命。

由于鸡的生长、发育、繁殖、产蛋都需要一定的营养物质，因此，养鸡就要有“食谱”。

第一是科学的养鸡方法就是要讲究营养。鸡吃进的饲料，在消化道内经过一系列酶的作用将淀粉转变成葡萄糖后，在鸡体内大部分转变成肝糖贮藏于肝脏内，或直接被组织分解利用，产生能量保持体温，多余部分转变成脂肪。所以肥育鸡和肉用仔鸡的后期要多加能量饲料，使其沉积脂肪。而种用鸡在育成期要控制其增重和不使过肥，相应地减少能量饲料。

饲料中蛋白质分解成氨基酸被鸡体吸收后，再形成羽毛、肉和蛋的蛋白质，剩余部分可以转变成能量和脂肪。当饲料中蛋白质不足时，雏鸡及肉鸡生长缓慢，羽毛长不好，母鸡产蛋减少甚至停产，公鸡精液质量差，使种蛋受精率及孵化率降低。可是蛋白质过量也没有好处：一是蛋白质饲料比能量饲料价格贵，这在经济上是个浪费；二是这种蛋白质的分解过程又会损害肝、肾的正常功能，由于尿酸盐的大量沉积而引发鸡的痛风病。

第二是多样化饲料的食谱，既能满足鸡的营养需要，又可提高饲料利用效率。各种饲料含有各种不同的养分，而单一饲料所含的养分不能满足鸡的需要，因此多种饲料混合饲喂可以达到几种养分互补以满足鸡的需要。例如，维生素 D 能促进鸡体对钙、磷的吸收，如果维生素 D 不足，即使饲料中钙与磷的比例是适当的，因吸收得不多，仍会引起钙、磷缺乏的营养性疾病。在所有的饲料中，还没有哪一种饲料在钙、磷、维生素 D 的三者关系上达到平衡，所以必须由多种饲料的相互配合。

除此以外，饲料养分间还存在着互促的作用，可以提高饲料的利用效率。例如，玉米蛋白质的利用率是54%，肉骨粉蛋白质的利用率为42%。如果用两份玉米和一份肉骨粉混合饲喂，其利用率不是两者的平均数50%[即(54%×2+42%)÷3=50%]而是61%，这是由于肉骨粉蛋白质中含量较高的精氨酸和赖氨酸补充了玉米蛋白质中这两种氨基酸的不足。

因此，多种多样的饲料组成的“食谱”，可以有效地提高蛋白质的利用效率，充分发挥各种饲料蛋白质的营养价值。所以，科学养鸡必须采用营养完善的配合饲料。由两种以上的饲料按比例混合、搅拌均匀的都可以称为配合饲料。

(二)什么是平衡日粮

鸡在一昼夜内所采食的各种饲料的总量称为日粮。

营养完善的配合饲料，必然在营养物质的种类、数量以及比例上能满足鸡的各种营养需要，这样的日粮称为平衡日粮。

所谓平衡，主要表现为：

1. 能量与蛋白质的平衡 鸡为了获得每天所需要的能量，可以在一定范围内随着饲料能量水平的高低而调节采食量。所以鸡有“为能而食”之说，高能日粮吃少些，低能日粮吃多些。在配合日粮时，首先要确定能满足要求的能量水平，然后调整蛋白质及各种营养物质使与能量形成为适当的比例。

鸡在采食一定量的平衡日粮后，既获得了所需要的能量，同时又吃进了足够量的蛋白质和其他各种营养物质，因而能发挥它最大的生产潜力，饲养效果最好。

如果日粮中能量水平高，蛋白质含量低，鸡由于采食量减少而造成其他营养物质不足，可能鸡体很肥，但生长慢、产蛋少。当日粮中能量明显过多时，便会出现其他营养严重缺乏的症状，使鸡生长或产蛋完全停止，甚至死亡。

如果日粮中能量低，蛋白质等其他营养物质多，会造成蛋白质的浪费和出现代谢上的障碍。当日粮容积很大、吃得很饱也得不到维持所需的能量时，鸡的体重减轻，逐渐消瘦，严重时死亡。

这里所指的平衡，是指蛋白能量比，就是说每兆焦代谢能饲料中应该含有多少克蛋白质。如肉用仔鸡前期的配合饲料中，每千克饲料含 12.13 兆焦代谢能，蛋白质为 21%，则蛋白能量比*为 17.3。也就是说，肉鸡每吃进 1 兆焦能量的同时，也吃进了 17.3 克蛋白质。

2. 蛋白质中氨基酸的平衡 蛋白质在饲料中的含量是非常重要的。可是，只是增加蛋白质含量，哪怕是采用高蛋白质饲料，鸡也不一定就能长得很好。这是因为，饲料中的蛋白质进入鸡体后，经消化分解成许多种氨基酸，其中有一类氨基酸是鸡体最需要而在体内又不能合成的所谓“限制性氨基酸”。它们是蛋氨酸、赖氨酸、色氨酸等 13 种氨基酸。当它们在日粮中供应不足时，就限制了其他各种氨基酸的利用率，也降低了整个蛋白质的有效利用率。鸡的日粮中尽管其他各种氨基酸供给充足，但是如果蛋氨酸的供应只达到营养需要的 60%，那么，日粮中蛋白质的有效利用率就会受到限制，仅能利用 60%，其余的 40%在肝脏中脱氨基，随尿排出体外，不但造成蛋白质浪费，加大饲料成本，而且鸡只长不好，甚至会引起代谢障碍。有时候，采用高蛋白质饲料养鸡，鸡体内可能会

---

* $\text{蛋白能量比}=\frac{\text{蛋白质(克/千克)}}{\text{代谢能(兆焦/千克)}}=\frac{21\%}{12.13\ \text{兆焦/千克}}$

$=\frac{210\ \text{克/千克}}{12.13\ \text{兆焦/千克}}=17.3\ \text{克/兆焦}$

出现很多远远超过需要量的各种氨基酸，而真正缺少的“限制性氨基酸”仍不能满足，结果是事倍功半，鸡只并没有养好。

因此，在配料时不仅要考虑蛋白质的数量，还要注意其中“限制性氨基酸”的配套和比例关系，可采用合成的氨基酸添加剂来平衡蛋白质中各种氨基酸的比例关系。达到了氨基酸平衡的饲料，其饲料的蛋白质利用率才能充分发挥。

除此以外，平衡日粮还表现在钙、磷比例的平衡以及微量元素、维生素的比例适量等方面。

所以，一种能达到最佳饲料利用率的优良饲料，必须具备“合理的能量与营养物质配比”。饲料是肉鸡饲养中占用成本最多的一项，因此要求用尽可能少的饲料量和饲料费用，使肉鸡提供尽可能多的食肉。获取其最佳经济效益的关键应该是：根据肉鸡的营养需要以及饲料的营养价值，经过计算，把各种类型饲料合理地搭配起来，做到肉鸡需要什么给什么，需要多少给多少，而不是“有啥吃啥”。

三、肉鸡的营养需求

（一）各种营养成分的作用

1. 能量　能量是饲料中的基本营养指标，在肉鸡的配合饲料中其所占的比例最大，所以在配合日粮时，首先要确定能满足要求的能量水平，这将便于整个饲料配方的调整。

一般的肉用仔鸡饲料中，能量水平是前期低、后期高，若配料时不注意，将其颠倒过来，就不符合肉用仔鸡的生长发育规律，会导致前期采食量减少，蛋白质数量不足，生长速度缓慢；而后期因能量不足，必须分解蛋白质以补充能量而浪费蛋白质饲料。这两种结果都将导致肉用仔鸡的生长速度减缓，饲料消耗增加，经济效益必然下降。

近年来，有人试用低能量饲料喂养肉用仔鸡，但此种饲料还是按每兆焦代谢能携带一定比例的各种营养物质，也就是说其蛋白能量比基本保持不变。由于鸡有自行调节其采食能量的本能，如在雏鸡阶段就喂低能量饲料，就可以从小锻炼其多采食的习惯，扩充其嗉囊，在以后的饲养中几乎可以采食到标准规定的能量水平。而其他各种营养物质由于与能量保持一定的比例，所以也基本满足了肉鸡的需要，因此，采用低能量饲料饲养肉用仔鸡也能取得比较满意的效果。这对于蛋白质饲料资源缺乏或价格昂贵的地区是可以一试的。

2. 蛋白质　蛋白质是维持生命、修补组织、生长发育的基本物质，它在饲料中的含量是非常重要的。饲料中的蛋白质进入鸡体后，经消化分解成许多氨基酸，其中蛋氨酸、赖氨酸和色氨酸供应不足就会限制日粮中蛋白质的有效利用率，因此在考虑氨基酸的需要量时，首先要保证这 3 种氨基酸的足量供应。

一般谷类饲料中缺少赖氨酸，而豆类饲料则缺少蛋氨酸，因此，它们在鸡体内一般仅有 20%～30%能被转为体蛋白，其余的就转为热能而散发，这就是在缺少动物性蛋白质饲料时，植物性蛋白质利用率低的缘故。

所以，一个配方或配合饲料中蛋白质利用率的高低，取决于其中必需氨基酸的种类、含量和比例关系。

3. 脂肪　饲料中的脂肪，在鸡体的消化道中需经消化分解成甘油和脂肪酸后才能被吸收利用。它是鸡体内最经济的能量贮备形式，需要时可转化成热能。

一般饲料中的脂肪含量都能满足鸡的需要，可是在肉用仔鸡的生长过程中，如要提供高能量的饲料，则往往要添加脂肪才能达到，而且脂肪在饲养上的特殊效果也正日益为人们注意，从表 4-1 中可明显看到，添加油脂大大提高了肉用仔鸡的生长速度以及能量与蛋白质的利用率。

表 4-1　在不同蛋白质水平日粮中添加与不添加油脂对肉用仔鸡生长的影响

红花籽油的添加率	含 15%蛋白质日粮		含 25%蛋白质日粮	
	3 周龄体重（克）	饲料消耗比	3 周龄体重（克）	饲料消耗比
不添加油的基础饲料组	210±6	2.11	287±8	1.69
加 1%	232±9	2.00	302±6	1.66
加 2%	248±9	1.96	321±8	1.62
加 4%	258±9	2.01	323±10	1.60
加 8%	264±9	1.94	319±8	1.55

4. 维生素　维生素是鸡体新陈代谢所必需的物质，有的还是代谢过程中的活化剂和加速剂，它控制和调节物质代谢，其需要量极微。但是，一旦缺乏或长期供应不足就会敏感地反应出来，表现出食欲减退，对疾病抵抗力降低，雏鸡生长不良，死亡率增高，种鸡产蛋率减少，受精率下降，孵化率降低等不良现象。

关于维生素的需要量，实践证明，无论是美国的 NRC 标准或是我国的饲养标准都太低，特别是鸡在应激状态下与生产的要求差距更大。以美国 A・A 鸡为例，20 年间商品肉鸡养到 6 周龄的公母鸡平均体重从 1 570 克增至 2 355 克，增长 50%；同期饲料转化率从 1.8 降到 1.73，相应的维生素需求量亦随之发生较大变化（表 4-2）。

表 4-2　不同年代 A·A 肉鸡生产性能及生长中期维生素需要量

项　目	1980 年	2000 年
6 周龄体重(克)	1570	2355
饲料转换率	1.80	1.73
维生素 A(国际单位/千克)	6600	9000
维生素 D_3(国际单位/千克)	2200	3300
维生素 E(国际单位/千克)	8.8	30.0
维生素 K_3(毫克/千克)	2.2	2.2
维生素 B_1(毫克/千克)	1.1	2.2
维生素 B_2(毫克/千克)	4.4	8.0
泛酸(毫克/千克)	11.0	12.0
烟酸(毫克/千克)	33.0	66.0
维生素 B_6(毫克/千克)	1.1	4.4
生物素(毫克/千克)	0.11	0.20
叶酸(毫克/千克)	0.66	1.00
胆碱(毫克/千克)	500	550
维生素 B_{12}(毫克/千克)	0.011	0.022

有关国家的饲料配方中维生素含量见表 4-3。

表 4-3　部分国家配合饲料中维生素用量(上)

维　生　素	美国 NRC (1977 年)	泰国 CP 集团(1982 年)	瑞士 ROCH 公司	
			0～4 周	5 周以上
维生素 A(国际单位/千克)	1500	9000	15000	10000
维生素 D_3(国际鸡单位/千克)	200	2400	1500	1000
维生素 E(国际单位/千克)	10	7.2	30	25

续表 4-3(上)

维 生 素	美国 NRC (1977 年)	泰国 CP 集团(1982 年)	瑞士 ROCH 公司	
			0～4 周	5 周以上
维生素 K(毫克/千克)	0.5	5.4	3	2
硫胺素(毫克/千克)	1.8	—	3	3
核黄素(毫克/千克)	3.6	7.8	8	6
泛 酸(毫克/千克)	10	—	20	12
泛酸钙(毫克/千克)	—	14.4	—	—
烟 酸(毫克/千克)	27	42	50	40
吡哆醇(毫克/千克)	3	0.16	7	5
生物素(毫克/千克)	0.15	—	0.15	0.1
胆 碱(毫克/千克)	1300	—	1500	1300
氯化胆碱(毫克/千克)	—	1500	1500	—
叶 酸(毫克/千克)	0.55	0.24	1.5	0.7
维生素 B_{12}(毫克/千克)	0.009	0.016	0.03	0.02
维生素 C(毫克/千克)	—	—	60	60

表 4-3 部分国家配合饲料中维生素用量(下)

维 生 素	前苏联综合资料		德国 BASF (1982 年)	日 本
	最 低	适 应 量		
维生素 A(国际单位/千克)	2700～3600	5000	10000	11000
维生素 D_3(国际单位/千克)	450～600	1000	2000	1100
维生素 E(国际单位/千克)	4.6	7～16	30	11
维生素 K(毫克/千克)	1.5～1	5	2	2.2
硫胺素(毫克/千克)	0.8	2～2.5	3	2.2
核黄素(毫克/千克)	2～4	5～6	6	4.4
泛 酸(毫克/千克)	1.5～6.5	10～16	8	14.3

续表 4-3(下)

维 生 素	前苏联综合资料		德国 BASF (1982年)	日 本
	最 低	适应量		
泛酸钙(毫克/千克)	—	—	—	—
烟 酸(毫克/千克)	9	20～30	30	33
吡哆醇(毫克/千克)	2.8	3～3.5	3	4.4
生物素(毫克/千克)	0.1	0.22～0.39	50	—
胆 碱(毫克/千克)	450～1100	—	—	1320
氯化胆碱(毫克/千克)	—	—	500	—
叶 酸(毫克/千克)	0.24～5	0.5～1	0.5	1.32
维生素 B_{12}(毫克/千克)	0.02～0.028	0.012～0.015	20	0.011
维生素 C(毫克/千克)	—	50～100	30	—

5. 无机盐 无机盐是鸡体组织和细胞特别是形成骨骼最重要的成分，某些微量元素还是维生素、酶、激素的组成成分，在鸡体内起调节血液渗透压、维持酸碱平衡的作用，对维持鸡的生命和健康是不可缺少的。

无机盐营养元素都存在过量危害的问题，特别是微量元素，稍许过量就会呈毒性反应。无机盐营养元素最易发生中毒的有硒、钠、铜、锰、钙、磷、锌等，病症有食盐中毒、骨硬化、结石、骨畸形、胚胎畸形、孵化率下降等。所以，在配合饲料时，应按饲养标准、饲料的相应含量添加，并根据鸡体的需要均衡地连续供应。添加时，最好采用逐步扩散的方法搅拌均匀。

钙、磷对鸡的生长、产蛋、孵化等都有重要的作用，它们是鸡体内含量最多的常量元素，体内99%的钙和80%以上的磷都存在于鸡的骨骼中。鸡骨骼的灰分中含钙37%，磷18%～19%，钙与磷的比约为2∶1。

钙能帮助维持神经、肌肉和心脏的正常生理活动，维持鸡体内的酸碱平衡，促进血液凝固。

钙是产蛋鸡限制性的营养物质，足够数量的钙能保证优质蛋壳。蛋中钙来自饲料和身体两个方面，嗉囊和骨骼是钙的贮存库，但其贮存能力有限，不管每天钙的采食量有多高，能贮存的钙每天只有 1.5 克，过量的钙质被排出体外，常见的是蛋壳上有白垩状沉积和两端粗糙。当日粮中钙不足时，母鸡在短期内可动用体内贮存的钙，如不及时补充，鸡的食欲减退，逐渐消瘦，严重时下软壳蛋，甚至完全停产。

饲料中的钙只有 50%～60%可被鸡吸收。各类鸡的需要量是：雏鸡、肉用仔鸡和后备鸡为日粮的 0.6%～1%，产蛋母鸡为 3%～4%。

磷对鸡的骨骼和身体细胞的形成，对糖类、脂肪和钙的利用以及蛋的形成都是必需的。

鸡能利用天然饲料中有机磷总量的 30%。鸡体内许多新陈代谢活动、能量转化等都需要磷，在各类鸡的日粮中对总磷的需要量都是 0.6%。如磷过多，会降低蛋壳质量；低磷日粮可促进钙的吸收，增加蛋壳厚度，但也不能过低，否则会引起产蛋疲劳症而大批死亡。

为保证钙、磷的良好利用，一方面应让鸡体多晒太阳，增加维生素 D 的供应；另一方面日粮中钙与磷的用量应按下列比例供应：雏鸡、肉用仔鸡及育成鸡为 1.2～1.5∶1，产蛋种鸡为 5～6∶1。如供钙过多，或钙、磷比例不当，或缺乏维生素 D，都会影响产蛋量。

豆科牧草含钙多，谷物类、糠麸、油饼含磷多，青草、野菜含钙多于磷，贝壳粉、石灰石含钙多，骨粉、磷酸钙等含钙和磷都多，是鸡最好的钙、磷补充饲料。

无机盐饲料都是含营养素比较专一的饲料，常用的无机盐营养元素含量见表4-4。

表4-4 饲料中常用无机盐元素含量

名　　称	化学式	元素含量(%)	
石　粉		Ca=38	
煮骨粉		P=11～12	Ca=24～25
蒸骨粉		P=13～15	Ca=31～32
磷酸氢二钠	$Na_2HPO_4 \cdot 12H_2O$	P=8.7	Na=12.8
亚磷酸氢二钠	$Na_2HPO_3 \cdot 5H_2O$	P=14.3	Na=21.3
磷酸钠	$Na_3PO_4 \cdot 12H_2O$	P=8.2	Na=12.1
磷酸氢钙	$CaHPO_4 \cdot 2H_2O$	P=18.0	Ca=23.2
磷酸钙	$Ca_3(PO_4)_2$	P=20.0	Ca=38.7
过磷酸钙	$Ca(H_2PO_4)_2 \cdot H_2O$	P=24.6	Ca=15.9
磷灰石		P=18.0	Ca=33.1
轻质碳酸钙	$CaCO_3$	Ca=39～41	
蛋壳粉		Ca=24～26	
贝壳粉		Ca=38.5	
氯化钠	NaCl	Na=39.7	Cl=60.3
硫酸亚铁	$FeSO_4 \cdot 7H_2O$	Fe=20.1	
硫酸亚铁	$FeSO_4 \cdot H_2O$	Fe=32.9	
三氯化铁	$FeCl_3 \cdot 6H_2O$	Fe=20.7	
碳酸亚铁	$FeCO_3 \cdot H_2O$	Fe=41.7	
氯化亚铁	$FeCl_2 \cdot 4H_2O$	Fe=28.1	
一氧化铁	FeO	Fe=77.8	
延胡索酸亚铁	$FeC_4 \cdot H_2O$	Fe=32.9	
碱式碳酸铜(孔雀石)	$Cu_2(CO_3)(OH)_2$	Cu=57.5	
氯化铜(绿色)	$CuCl_2 \cdot 2H_2O$	Cu=37.3	
氯化铜(白色)	$CuCl_2$	Cu=64.2	
硫酸铜	$CuSO_4 \cdot 5H_2O$	Cu=25.4	
氧化铜	CuO	Cu=79.9	

续表 4-4

名　　称	化学式	元素含量(%)	
氢氧化铜	$Cu(OH)_2$	Cu＝65.1	
碳酸锌	$ZnCO_3$	Zn＝52.1	
氯化锌	$ZnCl_2$	Zn＝48.0	
氧化锌	ZnO	Zn＝80.3	
硫酸锌	$ZnSO_4 \cdot 7H_2O$	Zn＝22.7	
硫酸锌	$ZnSO_4 \cdot H_2O$	Zn＝36.4	
碳酸锰	$MnCO_3$	Mn＝47.8	
氯化锰	$MnCl_2 \cdot 4H_2O$	Mn＝27.8	
氧化锰	MnO	Mn＝77.4	
硫酸锰	$MnSO_4 \cdot 5H_2O$	Mn＝22.7	
硫酸锰	$MnSO_4 \cdot H_2O$	Mn＝32.5	
碘化钾	KI	I＝76.4	K＝23.6
碘化亚铜	CuI	I＝66.6	Cu＝33.4
氯化钴	$CoCl_2$	Co＝45.3	
碳酸钴	$CoCO_3$	Co＝47～52	
硫酸钴(干燥)	$CoSO_4$	Co＝33.1	
硫酸钴	$CoSO_4 \cdot 7H_2O$	Co＝21	
亚硒酸钠	$Na_2SeO_3 \cdot 5H_2O$	Se＝30.03	
亚硒酸钠	Na_2SeO_3	Se＝45.6	Na＝26.6
硒酸钠	$Na_2SeO_4 \cdot 10H_2O$	Se＝21.4	
硒酸钠	Na_2SeO_4	Se＝41.8	Na＝24.3

（二）肉鸡的各种营养需求量

肉鸡对各种营养物质的需求量以及这些营养需求量之间的比例关系，具体体现在所制定的肉鸡饲养标准中。合理的饲料配方是根据饲养标准所提供的指标而设计的，不管饲料的原料有多少，搭配的比例又怎样，最终都应该符合饲养标准中的规定，就是肉鸡对各种营养的需求量。

饲养标准是设计饲料配方的重要依据，但无论哪种饲养标准都只是反映了肉鸡对各种营养物质需求的近似值，加之科学的进展，肉鸡的生产实践和发展，饲养标准也不是一成不变的。如本章表 4-2 所示 A·A 肉鸡 20 年间维生素的需求量几乎增加了 1 倍。

为此，在引种时，要根据各种鸡公司提供最新的该鸡种的需求来配方。切忌机械使用。本书中所述的是我国 1986 年的肉鸡饲养标准（表 4-5、表 4-6、表 4-7）。

表 4-5 肉用种鸡的饲养标准（上）

项目	生长鸡周龄			种母鸡的产蛋率(%)		
	0～6	7～14	15～20	大于 80	65～80	小于 65
代谢能（兆焦/千克）	11.92	11.72	11.30	11.51	11.51	11.51
粗蛋白质(%)	18.0	16.0	12.0	16.5	15.0	14.0
蛋白能量比（克/兆焦）	15.06	13.62	10.52	14.34	12.91	12.19
钙(%)	0.80	0.70	0.60	3.50	3.40	3.20

续表 4-5(上)

项　目	生长鸡周龄						种母鸡的产蛋率(%)					
	0～6		7～14		15～20		大于 80		65～80		小于 65	
总磷(%)	0.70		0.60		0.50		0.60		0.60		0.60	
食盐(%)	0.37		0.37		0.37		0.37		0.37		0.37	
氨基酸	%	克/兆焦	%	克/兆焦	%	克/兆焦	%	克/兆焦	%	克/兆焦	%	克/兆焦
蛋氨酸	0.30	0.25	0.27	0.23	0.20	0.18	0.36	0.31	0.33	0.29	0.31	0.27
蛋氨酸+胱氨酸	0.60	0.50	0.53	0.45	0.40	0.35	0.63	0.55	0.57	0.49	0.53	0.46
赖氨酸	0.85	0.71	0.64	0.55	0.45	0.40	0.73	0.63	0.66	0.57	0.62	0.54
色氨酸	0.17	0.14	0.15	0.13	0.11	0.09	0.16	0.14	0.14	0.12	0.14	0.12
精氨酸	1.00	0.84	0.89	0.76	0.67	0.59	0.77	0.67	0.70	0.61	0.66	0.57
亮氨酸	1.00	0.84	0.89	0.76	0.67	0.59	0.83	0.72	0.76	0.66	0.70	0.61
异亮氨酸	0.60	0.50	0.53	0.45	0.40	0.35	0.57	0.49	0.52	0.45	0.48	0.42
苯丙氨酸	0.54	0.45	0.48	0.41	0.36	0.32	0.46	0.40	0.41	0.36	0.39	0.34
苯丙氨酸+酪氨酸	1.00	0.84	0.89	0.76	0.67	0.59	0.91	0.79	0.83	0.72	0.77	0.67
苏氨酸	0.68	0.57	0.61	0.52	0.37	0.33	0.51	0.32	0.47	0.41	0.43	0.37
缬氨酸	0.62	0.52	0.55	0.47	0.41	0.36	0.63	0.55	0.57	0.49	0.53	0.46
组氨酸	0.26	0.22	0.23	0.19	0.17	0.15	0.18	0.15	0.17	0.08	0.15	0.13
甘氨酸+丝氨酸	0.70	0.59	0.62	0.53	0.47	0.41	0.57	0.71	0.52	0.45	0.48	0.42

表 4-5　肉用种鸡的饲养标准(下)

项　　目	0～6 周龄	7～20 周龄	种母鸡
有效维生素 A(国际单位/千克)	1500	1500	4000
维生素 D(国际鸡单位/千克)	200	200	500
维生素 E(国际单位/千克)	10.0	5.0	10.0
维生素 K(毫克/千克或有效当量)	0.5	0.5	0.5
硫 胺 素(毫克/千克)	1.8	1.3	0.8
核 黄 素(毫克/千克)	3.6	1.8	3.8
泛　　酸(毫克/千克)	10.0	10.0	10.0
烟　　酸(毫克/千克)	27.0	11.0	10.0
吡 哆 醇(毫克/千克)	3.0	3.0	3.5
生 物 素(毫克/千克)	0.15	0.10	0.15
胆　　碱(毫克/千克)	1300	500	500
叶　　酸(毫克/千克)	0.55	0.25	0.35
维生素 B_{12}(毫克/千克)	0.009	0.003	0.004
亚 油 酸(毫克/千克)	10.0	10.0	10.0
铜 (毫克/千克)	8.0	6.0①	8.0
碘 (毫克/千克)	0.35	0.35	0.3
铁 (毫克/千克)	80.0	60.0	60.0
锰 (毫克/千克)	60.0	30.0	60.0
硒 (毫克/千克)	0.15	0.1	0.1
锌 (毫克/千克)	40.0	35.0②	50.0

注:①铜在 15～20 周龄为 3 毫克;②锌在 15～20 周龄为 50 毫克

表 4-6　肉用仔鸡的饲养标准(上)

项　　目		0～4 周龄		5 周龄以上	
代谢能	(兆焦/千克)	12.13		12.55	
粗蛋白质	(%)	21.0		19.0	
蛋白能量比	(克/兆焦)	17.21		15.06	
钙	(%)	1.00		0.90	
总　磷	(%)	0.65		0.65	
食　盐	(%)	0.37		0.35	
氨基酸		%	克/兆焦	%	克/兆焦
蛋氨酸		0.45	0.37	0.36	0.28
蛋氨酸＋胱氨酸		0.84	0.69	0.68	0.54
赖氨酸		1.09	0.89	0.94	0.75
色氨酸		0.21	0.17	0.17	0.13
精氨酸		1.31	1.07	1.13	0.89
亮氨酸		1.22	1.01	1.11	0.88
异亮氨酸		0.73	0.60	0.66	0.52
苯丙氨酸		0.65	0.54	0.59	0.47
苯丙氨酸＋酪氨酸		1.21	1.00	1.10	0.87
苏氨酸		0.73	0.60	0.69	0.55
缬氨酸		0.74	0.61	0.68	0.54
组氨酸		0.32	0.26	0.28	0.22
甘氨酸＋丝氨酸		1.36	1.12	0.94	0.75

表 4-6　肉用仔鸡的饲养标准(下)

(维生素、亚油酸和无机盐部分。单位:每千克含量)

营　养　成　分		0～4 周龄	5 周龄以上
有效维生素 A(国际单位)		2700	2700
维生素 D	(国际鸡单位)	400	400
维生素 E	(国际单位)	10	10
维生素 K	(毫克)	0.5	0.5
硫胺素	(毫克)	1.8	1.8
核黄素	(毫克)	7.2	3.6
泛　酸	(毫克)	10	10
烟　酸	(毫克)	27	27
吡哆醇	(毫克)	3	3
生物素	(毫克)	0.15	0.15
胆　碱	(毫克)	1300	850
叶　酸	(毫克)	0.55	0.55
维生素 B_{12}	(毫克)	0.009	0.004
铜	(毫克)	8	8
碘	(毫克)	0.35	0.35
铁	(毫克)	80	80
锰	(毫克)	60	60
锌	(毫克)	40	40
硒	(毫克)	0.15	0.15
亚油酸	(克)	10	10

表 4-7 地方品种肉用鸡营养标准试行方案

（适用于地方中等肉用型鸡）

项　目	0～5 周龄	6～11 周龄	12 周龄以上
代谢能 （兆焦/千克）	11.72	12.13	12.55
粗蛋白质 （%）	20.00	18.00	16.00
蛋白能量比（克/兆焦）	17.06	14.82	12.74

注：其他营养需要指标参照后备鸡和肉用仔鸡的饲养标准执行

表 4-5，4-6 和 4-7 中所表述的是不同的鸡（肉用种鸡、肉用仔鸡以及地方品种肉用鸡）在不同时期的营养需要，按此配制而成的各种营养物质间符合一定比例的饲料是“平衡日粮”。采用这种平衡日粮饲喂肉鸡，才可能满足鸡的各种营养需要，取得好的效益。

四、肉鸡常用的饲料资源及其营养价值

（一）饲料资源

1. 能量型饲料资源　在使用能量饲料时，必须按照营养和其他因素予以考虑。例如，大麦虽然比玉米便宜，可是它适口性差，而且用量过多时，又会增加鸡的饮水量，造成鸡舍内过多的水气。小麦副产品的体积较大，当需要较高营养浓度时，就不能多用，否则进食量和生产性能会受到影响。因此，在能量饲料中首推玉米，它可占饲料量的 60%左右。

（1）玉米　含淀粉最丰富，是谷类饲料中能量较高的饲料之一。可以产生大量热能和积蓄脂肪，适口性好，是肉用仔鸡后期肥育的好饲料。黄玉米比白玉米含有更多的胡萝卜素、叶黄素，能促进鸡的蛋黄、喙、脚和皮肤的黄色素沉积。玉米中蛋

白质少，赖氨酸和色氨酸也不足，钙、磷也偏低。玉米粉可作为维生素、无机盐预先混合中的扩散剂。玉米最好磨碎到中等粒度。颗粒太粗，微量成分不能均匀分布；颗粒太细，会引起粉尘和硬结，而且会影响鸡的吃食量。

(2)小麦 也是较好的能量饲料。但在饲料中含有大量磨细的小麦时，容易粘喙和引起喙坏死现象。因此，小麦要磨得粗一些，而且在饲料中只能占15%～20%。

(3)高粱 含淀粉丰富，脂肪含量少。因含有鞣质(单宁)，味发涩，适口性差。喂高粱会造成便秘以及鸡的皮肤和爪的颜色变浅。故配合量宜在10%～20%。

(4)大麦 适口性比小麦差，且粗纤维含量高，用于幼雏时应去除壳衣。用量在10%～15%。

(5)碎米 碾米厂筛出的碎米，淀粉含量很高，易于消化，可占饲料的30%～40%。

(6)米糠 是稻谷加工的副产品。新鲜的米糠脂肪含量高，多在16%～20%，粗蛋白质含量为10%～12%。雏鸡喂量在8%，成鸡喂量在12%以下为好。由于米糠含脂肪多，不利于保存，贮存时间长了，脂肪会酸败而降低饲用价值。所以，应该鲜喂、快喂，不宜作配合饲料的原料。

(7)麸皮 含能量低，体积大而粗纤维多，但其氨基酸成分比其他谷类平衡，B族维生素和锰、磷含量多。麸皮有轻泻作用，用量不宜超过8%。

(8)谷子 营养价值高，适口性好，含核黄素多，是雏鸡开食常用的饲料，可占饲料的15%～20%。

(9)山芋、胡萝卜、南瓜 属块根和瓜类饲料，含淀粉和糖分丰富，胡萝卜与南瓜含维生素A原丰富，对肉用鸡有催肥作用，可加速鸡增重。为提高其消化率，一般都煮熟喂，可占饲料的50%～60%。

2. 蛋白质型饲料资源 大多数蛋白质饲料都由于氨基酸的不平衡而在使用上受到限制。也有的由于钙、磷的含量问题在用量上受到限制。豆饼粉和鱼粉一般作为蛋白质饲料的主要组成部分，但某些鱼粉由于含盐量过多，用量也受到限制。

(1)植物性蛋白质饲料

①豆饼 是鸡常用的蛋白质饲料。一般用量在20%左右，应防过量造成腹泻。在有其他动物蛋白质饲料时，用量可在15%左右。有些地区用生黄豆喂鸡。其实，生黄豆中含有抗胰蛋白酶等有害物质，对鸡的生长是不利的，其含油量高也难以被鸡利用，所以，生黄豆必须炒熟或蒸煮破坏其毒素，同时还可以使其脂肪更好地被鸡吸收利用。

②花生饼 含脂肪较多，在温暖而潮湿的空气中容易酸败变质，所以不宜久贮。用量不能超过20%，否则会引起鸡消化不良。

③棉籽(仁)饼 带壳榨油的称棉籽饼，脱壳榨油的称棉仁饼。因它含有棉酚，不仅对鸡有毒，而且棉酚还能和饲料中的赖氨酸结合，影响饲料蛋白质的营养价值。使用土法榨油的棉仁饼时，应在粉碎后按饼重的2%重量加入硫酸亚铁，然后用水浸泡24小时去毒(例如，1千克棉仁饼粉碎后加20克硫酸亚铁，再加水2.5升浸泡24小时)。而机榨棉仁饼不必再作处理。用量均应控制在5%左右。

④菜籽饼 含有一种叫硫葡萄糖苷的毒素，它在高温条件下与碱作用，水解后可去毒。但雏鸡以不喂为好，其他鸡用量应限制在5%以下。

饼类饲料应防止发热霉变，否则，造成的黄曲霉污染，毒性很大。同时，还要防止农药污染。饲喂去毒棉籽饼、菜籽饼的同时，应多喂青绿饲料。

(2)动物性蛋白质饲料　动物性蛋白质饲料可以平衡饲料中的限制性氨基酸，以提高饲料的利用率，并影响饲料中的维生素平衡，还含有所谓的未知生长因子。

①鱼粉　是理想的鸡的蛋白质补充饲料。限制性氨基酸含量全面，尤以蛋氨酸和赖氨酸较丰富，并含大量的B族维生素和钙、磷等无机盐，对雏鸡生长和种鸡产蛋有良好作用。但价格高，多配会增加饲料成本，一般用量在10%左右。肉鸡上市前10天，鱼粉用量应减少到5%以下或不用，以免鸡肉有鱼腥味。

目前，某些土产鱼粉含盐量高、杂质多，甚至有些生产单位还用鸡不能吸收的尿素掺和成质量差的鱼粉，用来冒充含蛋白质量高的鱼粉，购买时应特别注意。

②血粉　含粗蛋白质80%以上，亦有丰富的赖氨酸和精氨酸。但不易被消化，适口性差，所以日粮中只能占3%左右。

③蚕蛹　脂肪含量高，应脱脂后喂。由于蚕蛹有腥臭味，多喂会影响鸡肉和蛋的味道。用量应控制在4%左右。

④鱼下脚料　人不能食用的鱼的下脚料。应新鲜运回，避免腐败变质。必须煮熟后拌料喂。

⑤羽毛粉　蛋白质含量高达85%，但必须水解后才能作鸡饲料。由于氨基酸极不平衡，所以用量只能在5%左右。除非用氨基酸添加剂进行平衡，否则不能增加用量。

3. 青绿饲料资源　青绿饲料含有丰富的胡萝卜素、维生素B_2、维生素K和维生素E等多种维生素，还含有一种促进雏鸡生长、保证胚胎发育的未知生长因子。它补充了谷物类、油饼类饲料所缺少的营养，是鸡的日粮中维生素的主要来源。

它与鸡的生长、产蛋、繁殖以及机体健康关系密切。

常用的青绿饲料有胡萝卜、白菜、苦荬菜、紫云英(红花草)等。雏鸡用量可占日粮的15%～20%,成鸡用量可占日粮的20%～30%。

没有青绿饲料可用干草粉代替。尤其是苜蓿草粉、洋槐叶粉中的蛋白质、无机盐、维生素较丰富,苜蓿草粉里还含有一些类似激素的营养物质,可促进鸡的生长发育。1千克紫花苜蓿干叶的营养价值相当于1千克麸皮;1千克洋槐叶粉含有可消化蛋白质高达400～500克;松针叶粉含有丰富的胡萝卜素和维生素E,对鸡的增重、抗病有显著效果。它们是鸡的廉价维生素补充饲料。肉用仔鸡用量可占日粮的2%～3%,产蛋鸡用量可占日粮的3%～5%,但饲喂时必须由少到多,逐步使其适应。

(1)**使用青绿饲料应注意事项**

第一,要新鲜,不能用腐烂变质的菜皮等,以防亚硝酸盐、氢氰酸中毒。

第二,使用的青绿饲料要清洗、消毒。施过未沤制的鸡粪的青饲料,要水洗后用1∶5 000的高锰酸钾水漂洗,以免传染病和寄生虫病扩散传播。撒施过农药的青饲料要用水漂洗,以防农药中毒。

第三,使用青绿饲料时,最好以2～3种混合饲喂,这样营养效果更好。

(2)**调制干草(树叶)粉应注意事项**

第一,及时收集落叶阴干打粉。防止因采摘鲜叶而影响树木生长,破坏了绿化。

第二,调制干草粉应采用快速或阴干的方法,防止变黄、霉烂变质,风干后即可加工成干草粉。

在配合饲料中,各类饲料所占的比例见表 4-8。

表 4-8 配合饲料中各类饲料应占比例

饲料种类		用量(%)	
		雏鸡	成鸡
能量饲料	谷物饲料(2～3 种或以上)	40～70	30～50
	糠麸类饲料(1～2 种)	5～10	20～30
	根茎类饲料(以 3∶1 折算代替谷物饲料用量)	20～30	30～40
蛋白质饲料	植物性蛋白质饲料(1～2 种)	10～20	10～15
	动物性蛋白质饲料(1～2 种)	8～15	5～8
青绿饲料	干草粉	2～5	2～5
	青饲料(按精料总量加喂)	25～30	25～30
添加剂	无机盐、维生素	2～3	3～5

(二)各种饲料资源的营养价值

饲料资源的营养成分及其营养价值是制定饲料配方的一个重要依据。表 4-9 提供了鸡的常用饲料成分及营养价值的有关数据。

表 4-9　鸡常用饲料的成分及营养价值

饲料名称		玉米	大麦	小麦	高粱	稻谷	糙大米	碎大米
干物质	(%)	88.40	88.80	91.80	89.30	90.60	87.00	88.00
代谢能	(兆卡/千克)	3.36	2.66	3.08	3.11	2.55	3.34	3.37
	(兆焦/千克)	14.06	11.13	12.89	13.01	10.67	13.97	14.10
粗蛋白质	(%)	8.60	10.80	12.10	8.70	8.30	8.80	8.80
粗脂肪	(%)	3.50	2.00	1.80	3.30	1.50	2.00	2.20
粗纤维	(%)	2.00	4.70	2.40	2.20	8.50	0.70	1.10
无氮浸出物	(%)	72.90	68.10	73.20	72.90	67.50	74.20	74.30
粗灰分	(%)	1.40	3.20	2.30	2.20	4.80	1.30	1.60
钙	(%)	0.04	0.12	0.07	0.09	0.07	0.04	0.04
总　磷	(%)	0.21	0.29	0.36	0.28	0.28	0.25	0.23
有效磷	(%)	0.06	0.09	0.12	0.08	0.08	0.08	0.07
赖氨酸	(%)	0.27	0.37	0.33	0.22	0.31	0.29	0.34
蛋氨酸	(%)	0.13	0.13	0.14	0.08	0.10	0.14	0.18
胱氨酸	(%)	0.18	0.22	0.30	0.12	0.12	0.14	0.18
色氨酸	(%)	0.08	0.10	0.14	0.08	0.09	0.12	0.12
苏氨酸	(%)	0.31	0.36	0.34	0.25	0.28	0.28	0.29
异亮氨酸	(%)	0.29	0.37	0.46	0.24	0.29	0.30	0.32
组氨酸	(%)	0.24	0.18	0.27	0.17	0.17	0.17	0.19
缬氨酸	(%)	0.46	0.55	0.57	0.36	0.47	0.49	0.46
亮氨酸	(%)	1.05	0.70	0.80	1.05	0.58	0.61	0.59
精氨酸	(%)	0.44	0.51	0.53	0.32	0.61	0.65	0.67
苯丙氨酸	(%)	0.47	0.50	0.59	0.44	0.36	0.34	0.40
酪氨酸	(%)	0.32	0.34	0.40	0.32	0.32	0.42	0.38
甘氨酸	(%)	0.34	0.41	0.49	0.30	0.36	0.35	0.37
丝氨酸	(%)	0.38	0.46	0.52	0.32	0.40	0.41	0.44

续表 4-9

饲料名称		裸大麦(青稞)	粟(谷子)	小米	燕麦	大豆	黑豆	豌豆
干物质	(%)	88.00	91.90	86.80	90.30	88.00	88.00	88.00
代谢能	(兆卡/千克)	2.77	2.42	3.36	2.70	3.36	3.14	2.73
	(兆焦/千克)	11.59	10.13	14.06	11.30	14.06	13.14	11.42
粗蛋白质	(%)	12.00	9.70	8.90	11.60	37.00	36.10	22.00
粗脂肪	(%)	1.80	2.60	2.70	5.20	16.20	14.50	1.50
粗纤维	(%)	2.50	7.40	1.30	8.90	5.10	6.70	5.90
无氮浸出物	(%)	69.40	67.10	72.50	60.70	25.10	26.40	55.10
粗灰分	(%)	2.10	5.10	1.40	3.00	4.60	4.30	2.90
钙	(%)	0.08	0.06	0.05	0.15	0.27	0.24	0.13
总磷	(%)	0.31	0.26	0.32	0.33	0.48	0.48	0.39
有效磷	(%)	0.09	0.08	0.10	0.10	0.14	0.14	0.12
赖氨酸	(%)	0.47	0.18	0.15	0.40	2.30	2.18	1.61
蛋氨酸	(%)	0.13	0.22	0.26	0.20	0.40	0.37	0.10
胱氨酸	(%)	0.22	0.18	0.21	0.17	0.55	0.55	0.46
色氨酸	(%)	0.13	0.17	0.20	0.15	0.40	0.43	0.18
苏氨酸	(%)	0.48	0.29	0.34	0.47	1.41	1.49	0.93
异亮氨酸	(%)	0.49	0.30	0.42	0.43	1.77	1.69	0.85
组氨酸	(%)	0.29	0.16	0.20	0.25	0.94	0.30	0.69
缬氨酸	(%)	0.47	0.52	0.55	0.63	1.80	1.72	0.99
亮氨酸	(%)	0.99	0.79	1.38	0.88	2.94	2.91	1.55
精氨酸	(%)	0.72	0.26	0.32	0.87	2.92	2.75	2.88
苯丙氨酸	(%)	0.50	0.42	0.59	0.58	1.81	1.93	1.05
酪氨酸	(%)	0.52	0.28	0.39	0.36	1.32	1.31	0.73
甘氨酸	(%)	0.41	0.31	0.34	0.61	1.64	1.58	1.01
丝氨酸	(%)	0.61	0.47	0.39	0.63	2.03	1.77	1.13

续表 4-9

饲料名称		蚕豆	豆饼（机榨）	豆粕（浸提）	黑豆饼（机榨）	菜籽饼（机榨）	菜籽粕（浸提）	棉籽饼（带部分壳机榨）
干物质	（%）	88.00	90.60	92.40	88.00	92.20	91.20	92.20
代谢能	（兆卡/千克）	2.58	2.46	2.46	2.52	2.02	1.91	1.95
	（兆焦/千克）	10.79	11.05	10.29	10.54	8.45	7.99	8.16
粗蛋白质	（%）	24.90	43.00	47.20	39.80	36.40	38.50	33.80
粗脂肪	（%）	1.40	5.40	1.10	4.90	7.80	1.40	6.00
粗纤维	（%）	7.50	5.70	5.40	6.90	10.70	11.80	15.10
无氮浸出物	（%）	50.40	30.60	32.60	29.70	29.80	32.80	31.20
粗灰分	（%）	3.30	5.90	6.10	6.70	8.00	6.70	6.10
钙	（%）	0.15	0.32	0.32	0.42	0.73	0.79	0.31
总　磷	（%）	0.40	0.50	0.62	0.48	0.95	0.96	0.64
有效磷	（%）	0.12	0.15	0.19	0.14	0.29	0.29	0.19
赖氨酸	（%）	1.66	2.45	2.54	2.33	1.23	1.35	1.29
蛋氨酸	（%）	0.12	0.48	0.51	0.46	0.61	0.77	0.36
胱氨酸	（%）	0.52	0.60	0.65	0.60	0.61	0.69	0.38
色氨酸	（%）	0.21	0.60	0.65	0.47	0.45	0.51	0.35
苏氨酸	（%）	0.94	1.74	1.85	1.79	1.52	1.64	1.15
异亮氨酸	（%）	1.01	1.97	2.15	1.85	1.36	1.45	1.00
组氨酸	（%）	0.64	1.10	1.18	1.02	0.87	0.94	0.86
缬氨酸	（%）	1.18	2.04	2.19	1.88	1.74	1.87	1.59
亮氨酸	（%）	1.83	3.30	3.46	3.14	2.36	2.58	1.98
精氨酸	（%）	2.40	3.18	3.40	3.02	1.87	1.98	3.57
苯丙氨酸	（%）	1.04	2.01	2.25	2.13	1.55	1.86	1.77
酪氨酸	（%）	0.86	1.44	1.57	1.43	0.95	1.04	1.02
甘氨酸	（%）	1.07	1.86	1.97	1.76	1.70	1.84	1.56
丝氨酸	（%）	1.33	2.32	2.44	2.32	1.57	1.74	1.54

续表 4-9

饲 料 名 称		棉籽粕（带部分壳浸提）	花生仁饼（机榨）	胡麻仁饼（机榨）	胡麻仁粕（浸提）	芝麻饼（机榨）	葵花籽粕（带部分壳浸提）	葵花籽饼（带部分壳压榨）
干物质	（%）	91.00	90.00	92.00	89.00	92.00	92.50	93.80
代谢能	（兆卡/千克）	1.90	2.93	1.86	1.70	2.14	1.42	1.66
	（兆焦/千克）	7.95	12.26	7.78	7.11	8.95	5.94	6.94
粗蛋白质	（%）	41.40	43.90	33.10	36.20	39.20	32.10	28.70
粗脂肪	（%）	0.90	6.60	7.50	1.10	10.30	1.20	8.60
粗纤维	（%）	12.90	5.30	9.80	9.20	7.20	22.80	19.80
无氮浸出物	（%）	29.40	29.10	34.00	35.70	24.90	30.50	31.90
粗灰分	（%）	6.40	5.10	7.60	6.80	10.40	5.90	4.60
钙	（%）	0.36	0.25	0.58	0.58	2.24	0.41	0.65
总 磷	（%）	1.02	0.52	0.77	0.77	1.19	0.84	0.81
有效磷	（%）	0.31	0.16	0.23	0.23	0.36	0.25	0.21
赖氨酸	（%）	1.39	1.35	1.18	1.20	0.93	1.17	1.13
蛋氨酸	（%）	0.41	0.39	0.44	0.50	0.81	0.66	0.46
胱氨酸	（%）	0.46	0.63	0.31	0.50	0.50	0.70	0.70
色氨酸	（%）	0.50	0.30	0.40	0.48	0.40	0.60	0.58
苏氨酸	（%）	1.29	1.23	1.20	1.29	1.32	1.50	1.22
异亮氨酸	（%）	1.20	1.34	1.25	1.27	1.42	1.74	1.13
组氨酸	（%）	1.05	0.92	0.63	0.76	0.81	1.00	0.82
缬氨酸	（%）	1.76	1.66	1.52	1.59	1.84	2.30	2.25
亮氨酸	（%）	2.14	2.78	2.02	2.10	2.52	2.60	2.47
精氨酸	（%）	3.75	5.16	2.97	3.14	3.97	2.90	2.40
苯丙氨酸	（%）	1.98	2.20	1.60	1.68	1.68	1.90	1.77
酪氨酸	（%）	1.18	1.60	0.76	0.92	1.21	0.84	0.78
甘氨酸	（%）	1.70	2.45	1.91	1.92	1.81	1.43	1.07
丝氨酸	（%）	1.68	1.67	1.22	1.34	1.53	1.20	0.78

续表 4-9

饲 料 名 称	米糠饼	玉米胚芽饼（机榨）	小麦麸	小麦麸（七二粉麸）	小麦麸（八四粉麸）	米糠（无稻壳）	甘薯粉
干物质 （%）	90.70	90.00	88.60	88.00	88.00	90.20	89.00
代谢能（兆卡/千克）	2.24	2.28	1.57	1.90	1.73	2.61	2.82
（兆焦/千克）	9.37	9.54	6.57	7.95	7.24	10.92	11.80
粗蛋白质 （%）	15.20	16.80	14.40	14.20	15.40	12.10	3.80
粗脂肪 （%）	7.30	8.70	3.70	3.10	2.00	15.50	1.30
粗纤维 （%）	8.90	5.70	9.20	7.30	8.20	9.20	2.20
无氮浸出物 （%）	49.30	51.10	56.20	58.40	58.00	43.30	79.20
粗灰分 （%）	10.00	4.40	5.10	5.00	4.40	10.10	2.50
钙 （%）	0.12	0.03	0.18	0.12	0.14	0.14	0.15
总 磷 （%）	1.49	0.85	0.78	0.85	1.06	1.04	0.11
有效磷 （%）	0.45	0.23	0.23	0.26	0.82	0.31	0.03
赖氨酸 （%）	0.63	0.69	0.47	0.54	0.54	0.56	0.14
蛋氨酸 （%）	0.23	0.23	0.15	0.17	0.18	0.25	0.04
胱氨酸 （%）	0.22	0.34	0.33	0.40	0.40	0.20	0.05
色氨酸 （%）	0.17	0.17	0.23	0.27	0.27	0.16	0.03
苏氨酸 （%）	0.56	0.62	0.45	0.51	0.54	0.46	0.15
异亮氨酸 （%）	0.55	0.49	0.37	0.44	0.46	0.45	0.12
组氨酸 （%）	0.35	0.45	0.35	0.42	0.42	0.32	0.05
缬氨酸 （%）	0.81	0.83	0.67	0.74	0.75	0.67	0.17
亮氨酸 （%）	1.10	1.20	0.80	0.90	0.95	0.90	0.20
精氨酸 （%）	1.10	1.12	0.95	1.07	1.13	0.95	0.14
苯丙氨酸 （%）	0.65	0.57	0.48	0.55	0.55	0.55	0.20
酪氨酸 （%）	0.45	0.52	0.37	0.45	0.45	0.38	0.14
甘氨酸 （%）	0.83	0.84	0.75	0.85	0.85	0.78	0.14
丝氨酸 （%）	0.71	0.74	0.53	0.60	0.65	0.68	0.12

续表 4-9

饲 料 名 称	木薯粉	鱼粉（等外）	鱼粉（国产）	鱼粉（进口）	肉骨粉	蚕蛹（全脂）	蚕蛹渣（脱脂）
干物质 （%）	87.20	91.20	89.50	89.00	94.00	91.00	89.30
代谢能（兆卡/千克）	2.78	2.00	2.45	2.90	2.72	3.14	2.73
（兆焦/千克）	11.63	8.37	10.25	12.13	11.38	4.27	11.42
粗蛋白质 （%）	3.80	38.60	55.10	60.50	53.40	53.90	64.80
粗脂肪 （%）	0.20	4.60	9.30	9.70	9.90	22.80	3.90
粗纤维 （%）	2.80	—	—	—	—	—	—
无氮浸出物 （%）	78.40	—	—	—	—	—	—
粗灰分 （%）	2.00	27.30	18.90	14.40	28.00	2.90	4.70
钙 （%）	0.16	6.13	4.59	3.91	9.20	0.25	0.19
总 磷 （%）	0.08	1.03	2.15	2.90	4.70	0.58	0.75
有效磷 （%）	0.02	1.03	2.15	2.90	4.70	0.58	0.75
赖氨酸 （%）	0.09	2.12	3.64	4.35	2.60	3.66	4.85
蛋氨酸 （%）	0.03	0.89	1.44	1.65	0.67	2.21	2.92
胱氨酸 （%）	0.03	0.41	0.47	0.56	0.33	0.53	0.66
色氨酸 （%）	0.02	0.60	0.70	0.80	0.26	1.25	1.50
苏氨酸 （%）	0.07	1.75	2.22	2.88	1.94	2.41	3.14
异亮氨酸 （%）	0.07	1.82	2.23	2.42	1.70	2.37	3.39
组氨酸 （%）	0.04	0.75	0.90	1.66	0.96	1.29	1.87
缬氨酸 （%）	0.11	1.99	2.29	2.80	2.25	2.97	3.79
亮氨酸 （%）	0.12	2.96	3.85	4.28	3.20	3.78	4.92
精氨酸 （%）	0.26	2.73	3.02	3.85	3.84	2.86	3.53
苯丙氨酸 （%）	0.07	1.49	2.10	2.68	1.70	2.27	3.78
酪氨酸 （%）	—	1.16	1.63	2.12	1.41	3.44	4.71
甘氨酸 （%）	0.08	8.05	3.76	4.26	6.90	2.88	2.96
丝氨酸 （%）	—	1.36	2.10	2.63	2.92	2.40	3.20

续表 4-9

饲 料 名 称		血 粉（喷雾干燥猪血）	饲料酵母（白地霉）	苜蓿草粉（优质）	槐叶粉	骨粉（脱胶）
干物质	(%)	88.90	91.90	89.00	90.30	95.20
代谢能	(兆卡/千克)	2.46	2.19	0.81	0.95	—
	(兆焦/千克)	10.29	9.16	3.39	3.97	—
粗蛋白质	(%)	84.70	41.30	20.40	18.10	—
粗脂肪	(%)	0.40	1.60	3.20	3.10	—
粗纤维	(%)	—	—	19.70	11.00	—
无氮浸出物	(%)	—	32.10	35.60	46.10	—
粗灰分	(%)	2.20	16.90	10.10	12.00	—
钙	(%)	0.20	2.20	1.46	2.21	36.40
总 磷	(%)	0.22	2.92	0.22	0.21	16.40
有效磷	(%)	0.22	—	—	—	16.40
赖氨酸	(%)	7.07	2.32	0.83	0.84	—
蛋氨酸	(%)	0.68	1.73	0.14	0.22	—
胱氨酸	(%)	1.69	0.78	0.16	0.12	—
色氨酸	(%)	1.43	0.44	0.20	0.14	—
苏氨酸	(%)	3.51	2.12	0.63	0.72	—
异亮氨酸	(%)	0.88	1.80	0.66	0.72	—
组氨酸	(%)	6.01	0.73	0.37	0.33	—
缬氨酸	(%)	7.64	2.08	1.07	0.89	—
亮氨酸	(%)	11.96	2.78	1.08	1.33	—
精氨酸	(%)	4.13	1.86	0.46	0.88	—
苯丙氨酸	(%)	6.05	1.42	1.27	0.87	—
酪氨酸	(%)	2.16	1.40	0.35	0.62	—
甘氨酸	(%)	4.12	1.85	0.69	0.86	—
丝氨酸	(%)	3.64	1.98	0.66	0.89	—

续表 4-9

饲料名称		蛋壳粉	贝壳粉	石粉	植物油	动物油
干物质	(%)	—	—	—	99.50	99.50
代谢能	(兆卡/千克)	—	—	—	8.80	7.70
	(兆焦/千克)	—	—	—	36.82	32.22
粗蛋白质	(%)	—	—	—	—	—
粗脂肪	(%)	—	—	—	99.40	99.40
粗纤维	(%)	—	—	—	—	—
无氮浸出物	(%)	—	—	—	—	—
粗灰分	(%)	—	—	—	—	—
钙	(%)	37.00	33.40	35.00	—	—
总磷	(%)	0.15	0.14	—	—	—
有效磷	(%)	0.15	0.14	—	—	—

五、如何配制肉鸡的平衡日粮

计算饲料配方，目的是要将各种饲料中的营养要素按比例加起来，使能量、蛋白质，尤其是组成蛋白质的各种氨基酸，还有钙和磷、食盐都达到饲养标准要求的数量。也要注意能量与其他营养素之间的比例是否合适。最后还要考虑配合饲料的成本。

（一）饲料配方的配制方法

配合饲料的配制方法很多，一般公推以“试差法”比较好。近年来推出的“公式法”，实质上是二元一次方程的简化公式，计算起来也很方便。

1. 用试差法配合饲粮 例如，用玉米、豆饼、花生饼、鱼粉、骨粉、石灰石粉配合 65%～80%产蛋率的种母鸡饲粮，步骤如下。

（1）第一步 列出所用饲料的营养成分和饲养标准（表 4-10）。

表 4-10 饲料营养成分和饲养标准

饲 料	代谢能（兆焦/千克）	粗蛋白质（%）	钙（%）	磷（%）	蛋氨酸（%）	赖氨酸（%）
玉 米	14.06	8.6	0.04	0.21	0.13	0.27
豆 饼	11.05	43.0	0.32	0.50	0.48	2.45
花生饼	12.26	43.9	0.25	0.52	0.39	1.35
鱼 粉	10.25	55.1	4.59	2.15	1.44	3.64
骨 粉	—	—	36.40	16.40	—	—
石灰石粉	—	—	35.00	—	—	—
饲养标准	11.51	15.0	3.40	0.60	0.33	0.66

（2）第二步 确定某些饲料用量。本次配方中确定使用 5%的花生饼，是因其含精氨酸多。另外，决定用 3%鱼粉，是因鱼粉中有未知促生长因子，并且含限制性氨基酸也多。先算出此两项所含的营养素（表 4-11）。

表 4-11 确定部分饲料用量

饲 料	比例（%）	代谢能（兆焦/千克）	粗蛋白质（%）	钙（%）	磷（%）	蛋氨酸（%）	赖氨酸（%）
花生饼	5	0.6130	2.195	0.0125	0.0260	0.0195	0.0675
鱼 粉	3	0.3070	1.653	0.1377	0.0645	0.0432	0.1092
合 计	8	0.9200	3.848	0.1502	0.0905	0.0627	0.1767

（3）第三步 根据经验将饲粮无机盐用量假定为 9%，余下的 83%均试用玉米，看各主要营养素情况如何（表 4-12）。

表 4-12　用玉米试测各种营养素含量

饲　料	比例（%）	代谢能（兆焦/千克）	粗蛋白质（%）	蛋能比（克/兆焦）	钙（%）	磷（%）	蛋氨酸（%）	赖氨酸（%）
花生饼及鱼粉	8	0.920	3.848	—	0.1502	0.0905	0.0627	0.1767
玉　米	83	11.665	7.138	—	0.0332	0.1743	0.1079	0.2241
合　计		12.585	10.986	8.72	0.1834	0.2648	0.1706	0.4008
饲养标准		11.510	15.000	12.90	3.4000	0.6000	0.3300	0.6600

用5%花生饼、3%鱼粉、83%玉米和9%无机盐配合的饲粮，对其营养成分计算后可以看到代谢能很高，粗蛋白质含量很低，与营养标准中能量11.51兆焦/千克的要求相比，能量高出1.075兆焦/千克，粗蛋白质少4.014%，蛋氨酸少0.1594%，赖氨酸少0.2592%。这样先用能量饲料——玉米来首先满足配方饲料的能量需求，可以看出各种营养素的差数情况。

(4)第四步　分步调整。

①*先按粗蛋白质的差数计算*　豆饼含粗蛋白质43%，玉米含粗蛋白质8.6%，如果用豆饼替换玉米，则每替换1%，可提高饲粮的粗蛋白质为(43%－8.6%)÷100＝34.4%÷100＝0.344%。前面第三步配合的结果中，粗蛋白质少4.014%，应替换4.014%÷0.344%≈11.66%，即用12%的豆饼替换等量的玉米，使饲粮的配比改变为花生饼5%，鱼粉3%，无机盐9%，豆饼12%和玉米71%。与此同时，我们还可以看到，当豆饼替换玉米时，每替换1%的含量，其代谢能则减少0.0301兆焦/千克[(14.06－11.05)÷100＝0.0301]。如按用12%的豆饼替换等量的玉米，该配方的代谢能为12.22兆焦/千克，

粗蛋白质为15.114%，均已超过饲养标准，但其蛋白能量比仅为12.36，与标准要求还有一些差距。

②从蛋白能量比角度进一步调整　见表4-13。

表4-13　从蛋白能量比调整

豆饼含量(%)	玉米含量(%)	代谢能(兆焦/千克)	粗蛋白质(%)	蛋能比(克/兆焦)
12	71	12.22	15.114	12.36
豆饼替换玉米，每增加1%		－0.03	＋0.344	＋0.31
13	70	12.19	15.458	12.67
14	69	12.16	15.802	12.98

从表4-13可以看到，要达到蛋能比为12.90，其玉米含量介于69%～70%之间，经计算玉米的用量为69.27%，豆饼用量为13.73%，由于营养标准要求添加0.37%的食盐，一般此量从玉米量中减去，故玉米用量为68.9%。至此，该配方计算的营养价值见表4-14。

4-14　计算配方营养价值

饲　料	比例(%)	代谢能(兆焦/千克)	粗蛋白质(%)	蛋能比(克/兆焦)	钙(%)	磷(%)	蛋氨酸(%)	赖氨酸(%)
玉　米	68.90	9.68	5.9254		0.02756	0.14469	0.08957	0.18603
豆　饼	13.73	1.52	5.9039		0.04394	0.06865	0.06590	0.33639
花生饼	5.00	0.61	2.1950		0.01250	0.02600	0.01950	0.06750
鱼　粉	3.00	0.30	1.6530		0.13770	0.06450	0.04320	0.10920
食　盐	0.37							
合　计		12.12	15.6773	12.93	0.2217	0.30384	0.21820	0.69910
饲养标准		11.51	15.0000	12.90	3.4000	0.60000	0.33000	0.66000

从表 4-14 所列数值可以看到，代谢能与蛋白质均略比营养标准高，而蛋能比基本符合要求。目前这个配方还需补足的是钙、磷和蛋氨酸。

③补足钙和磷　上述配方中钙的含量为 0.2217％，磷的含量为 0.30384％。由于骨粉中含磷 16.4％，含钙 36.4％，而石灰石粉只能补充钙，其含量为 35％。因此，首先由骨粉来补足磷的含量。按饲养标准与目前配方中磷含量差数为 0.6％－0.30384％＝0.29616％，为补足此差数所需要的骨粉含量为0.29616÷0.164＝1.8％，与此同时，它所增加的钙的含量为1.8％×36.4％＝0.6552％。在调整磷的基础上再调整钙，目前配方中钙的含量比饲养标准少 3.4％－0.2217％－0.6552％＝2.5231％，为补足此差数所需要的石灰石粉含量应为2.5231％÷0.35％≈7.2％。至此，该配方中钙的含量为 0.2217％＋(1.8％×36.4％)＋(7.2％×35％)＝0.2217％＋0.6552％＋2.52％＝3.3969％，而磷的含量为 0.30384％＋(1.8％×16.4％)＝0.30384％＋0.2952％＝0.59904％，该两数值基本与饲养标准要求相符，而钙、磷比值为 3.3969％÷0.59904％≈5.67，此数值恰好与饲养标准的钙、磷比值 3.4％÷0.6％≈5.67相符。骨粉与石灰石粉的用量也正好与事先假定的无机盐用量 9％相符，此配方各种饲料的百分数的总量为 100％。至此，配方再补加 DL-蛋氨酸0.1118％后，上述各项营养指标均达到饲养标准的要求。

上述计算方法中是以蛋白质的差数来计算的，如果从提高蛋白质的利用率和氨基酸与能量相适应的角度来考虑，可以按第一或第二限制氨基酸的差数来计算，其方法与以蛋白质的差数计算方法相似。由于计算的出发点不同，其最后的配方组成是有差异的，此时可以从价格的角度来衡量各个配方的成本，以确定最后选用。

2. 用公式法配合饲粮 公式法就是用联立方程式求两个未知饲料的用量。同样，需要将某些饲料的用量人为地固定下来，又将无机盐的用量大致固定为9%，然后求一个能量饲料和一个蛋白质饲料的用量，现仍用“试差法”的举例来说明公式法。

先计算出5%花生饼与3%鱼粉的营养素含量(表4-15)，计算时以表4-10的数据为依据。

表4-15 计算花生饼与鱼粉的营养素

饲 料	比例(%)	代谢能(兆焦/千克)	粗蛋白质(%)	钙(%)	磷(%)	蛋氨酸(%)	赖氨酸(%)
花生饼	5	0.6130	2.195	0.0125	0.026	0.0195	0.0675
鱼 粉	3	0.3075	1.653	0.1377	0.0645	0.0432	0.1092
共 计	8	0.9200	3.848	0.1502	0.0905	0.0627	0.1767
饲养标准		11.5100	15.000	3.4000	0.6000	0.3300	0.6600
相 差		−10.59	−11.152	−3.2499	−0.5095	−0.2673	−0.4833

现在按蛋白质需要量进行计算。

假设以x代表玉米用量，y代表豆饼用量，其总量为100−5−3−9=83，则可列出联立方程为：

$$x+y=83 \quad \cdots\cdots (1)$$

$$8.6x+43y=11.152\times 100 \quad \cdots\cdots (2)$$

式中，8.6为玉米含粗蛋白质的%，43为豆饼含粗蛋白质的%，11.152为尚差的粗蛋白质的%。

将(1)式简化为　$x=83-y$ ……………………………… (3)

将(3)代入(2)：

$$8.6(83-y)+43y=11.152\times 100$$

$$713.8-8.6y+43y=1115.2$$

$$34.4y=401.4$$

$$y=11.668 \quad \cdots\cdots\cdots\cdots\cdots (4)$$

豆饼用量为 11.668%，玉米的用量为 83%－11.668%＝71.332%。此结果与试差法计算的结果基本相同。

其计算钙、磷的方法与试差法一样。最后的含量如百分数的总和超过 100，则扣除玉米的用量，如不足 100，则增加玉米的用量。切记饲粮中应有 30%的磷来自无机磷，按本例计算应有 0.6%×30%＝0.18%是理论的无机磷数值。而上述实际配方中来自鱼粉中的磷为 0.0645%，来自骨粉中的磷为 0.2952%，总共有 0.3597%是无机磷，已足够需要了。有时饲粮中用麸皮、米糠，含磷量虽超过 0.6%，但还是需要加 1.5%的骨粉，即使总磷已达到 0.8%也不要紧。

(二)配料时应注意的事项

第一，在制定配方与配料时，要从本地的实际出发，尽可能选用适口性好的多种饲料。采用本地区的饲料，就可能在相当的营养浓度下做到饲料来源可靠、成本低、饲养效益好。

第二，制定配方后，对配方所用原料的质量必须把关，尽量选用新鲜、无毒、无霉变、适口性好、无怪味、含水量适宜、效价高、价格低的饲料。

第三，一定要按配方要求采购原料，严防通过不正当途径收购掺杂使假、以劣充优的原料。目前，可能掺假的原料有：鱼粉中掺水解羽毛粉和皮革粉、尿素、粉碎的毛发丝、臭鱼、棉仁粉等，使蛋白质品质下降或残留重金属和毒素；脱脂米糠中掺稻糠、锯末、清糠、尿素等，使其适口性变差，饲料品质降低；酵母粉中掺黄豆粉，或在豆饼中掺豆皮、黄玉米粉；黄豆粉中掺石粉和玉米粉等，导致蛋白质水平下降；在玉米粉中掺玉米穗轴；在杂谷粉中掺黏土粉；在无机盐添加剂中掺黏土粉；在骨肉粉中掺羽毛粉或尿素等。购进的原料要检验，测定其水分、杂质、容量、颜色、重量，看主要成分是否符合正常饲料的标准，有害成分是否在允许范围之内，达到要求方可入库，否则应退货。如若使用将会带来严重损失。

第四，对于含有毒、有害物质的饲料，应当限用。如棉籽饼和菜籽饼，应在允许范围内使用；有的粗纤维含量高，如大麦、燕麦、米糠、麸皮等，均应根据其品质及加工后的质量适量限用；对于某些动物性饲料，如蚕蛹、血粉、羽毛粉等，应从营养平衡性、适口性及其本身品质方面考虑合理使用。

第五，各种原料应称量准确，搅拌均匀。先加入复合微量元素添加剂，维生素次之，氯化胆碱应现拌现用。各种微量成分要进行预扩散，即先与少量主料（4～5 千克）拌匀，再扩散到全部饲料中去，以免分布不均匀而造成中毒。

第六，饲料应贮藏在通风、干燥的地方，时间不能过长，防止霉变。梅雨季节更应注意。特别是鱼粉、肉骨粉等，因含脂肪多，易变质，变质后有苦涩味，适口性变差，且有效营养成分含量下降。

（三）肉用种鸡及肉用仔鸡饲料配方举例

1. 肉用种鸡的饲料配方　不同时期的肉用种鸡所用的饲料配方见表 4-16。

表 4-16 不同时期的肉用种鸡饲料配方

	配方适用时期	1～5日龄	6～20日龄	21～30日龄	31～90日龄	91～150日龄	7～10月龄	11～14月龄	15月龄以上
饲料名称及配合比例(%)	玉米	40.0	59.7	36.5	12.0	—	30.0	35.7	15.5
	小麦	23.7	—	20.0	26.0	30.0	30.0	25.0	25.0
	麸皮	7.5	20.0	—	—	—	—	—	—
	大麦	—	—	12.0	37.9	52.0	9.5	11.0	38.5
	豆饼	17.0	13.5	—	—	—	—	—	—
	葵花籽粕	—	—	16.5	6.0	2.0	8.0	7.0	3.0
	水解酵母	—	—	3.0	4.3	2.5	5.0	4.0	3.0
	草粉	—	—	3.0	5.0	7.0	5.0	5.0	4.0
	鱼粉	10.0	4.0	4.0	4.0	1.3	5.5	5.0	3.5
	肉骨粉	1.0	1.5	4.0	3.1	1.5	—	—	—
	脱氟磷酸盐	—	—	—	0.7	1.7	0.5	1.0	1.2
	贝壳、白垩	0.5	1.0	1.0	0.8	1.5	6.2	6.0	5.8
	食盐	0.3	0.3	—	0.2	0.5	0.3	0.3	0.5
营养成分(%)	代谢能(兆焦/千克)	11.80	11.51	12.26	11.30	10.75	11.34	11.38	10.88
	粗蛋白质	20.00	16.10	20.20	17.40	13.90	17.30	16.30	14.30
	粗纤维	3.00	3.80	6.90	6.40	5.40	4.70	4.60	4.80
	钙	1.03	1.10	1.09	1.17	1.32	2.81	2.81	2.65
	磷	0.48*	0.47*	0.82	0.88	0.77	0.81	0.83	0.76
	赖氨酸	1.10	0.78	0.89	0.85	0.62	0.84	0.78	0.67
	蛋氨酸 胱氨酸	0.45 0.25	0.26 0.22	0.70	0.59	0.45	0.61	0.57	0.49

*为有效磷

2. 肉用仔鸡的饲料配方

(1) 0～4 周龄肉用仔鸡饲料配方 见表 4-17。其中配方

3 是玉米、豆饼、鱼粉的配方饲料，其营养符合肉用仔鸡前期要求。配方 4 使用碎米替代能量饲料中部分玉米，并加油脂，各营养成分均可满足饲养标准要求。配方 2 中以小麦替代部分玉米，而配方 1 是无鱼粉的肉用仔鸡前期饲料，如果在饲喂时再添加少量的维生素 B_{12}，可能会取得更好的饲养效果。

表 4-17　0～4 周龄肉用仔鸡饲料配方

	配方编号	1	2	3	4
饲料名称及配合比例(%)	玉　米	57.10	32.0	64.8	31.0
	碎　米	—	—	—	30.0
	麸　皮	2.00	—	—	—
	豆　饼	36.00	18.0	16.8	25.0
	小　麦	—	35.0	—	—
	菜籽饼	—	—	5.0	—
	槐叶粉	2.00	—	—	—
	鱼　粉	—	12.0	10.0	10.0
	骨　粉	—	1.5	0.6	1.5
	贝壳粉	1.00	—	—	0.5
	石　粉	—	—	1.0	—
	生长素	—	1.3	—	—
	油　脂	—	—	—	1.8
	磷酸氢钙	1.35	—	—	—
	DL-蛋氨酸	0.20	—	0.1	—
	其他添加剂	—	—	1.4	—
	食　盐	0.35	0.2	0.3	0.2

续表 4-17

	配 方 编 号		1	2	3	4
	代谢能(兆焦/千克)		11.84	12.26	12.59	12.84
	粗蛋白质	(%)	19.50	21.10	20.80	21.30
营	粗纤维	(%)	—	—	2.80	2.40
养	钙	(%)	0.82	1.61	1.09	1.21
成	磷	(%)	0.61	0.88	0.66	0.71
分	赖氨酸	(%)	1.04	1.22	1.10	0.96
	蛋氨酸	(%)	0.46	0.40	0.46	0.42
	胱氨酸	(%)	—	—	0.30	0.32

(2)5～8周龄肉用仔鸡饲料配方 见表4-18。配方1虽然用大麦替代了部分玉米,但其营养成分符合标准。配方2是由计算机计算的最佳配方,各种营养成分基本满足需要。配方4是用碎米、大麦替代部分玉米。配方3是肉用仔鸡后期无鱼粉饲料。

3. 地方品种肉用黄鸡的饲料配方 表4-19中的配方1～3是一套以稻谷为主要能量饲料的配方。配方4和5是一套利用水稻产区粮食加工副产品配合的饲料配方。配方6～8是用添加蛋氨酸来平衡的饲料,以达到降低动物性与植物性蛋白质饲料用量的一套配方。

4. 广东地方黄羽鸡的后期育肥典型配方 参见第五章“优质型肉鸡的育肥”。

表 4-18　5～8 周龄肉用仔鸡饲料配方

	配方编号		1	2	3	4
饲料名称及配合比例(%)	玉　米		49.80	68.6	60.10	45.0
	大　麦		18.00	—	—	15.0
	碎　米		—	—	—	14.0
	豆　饼		—	19.0	32.00	15.0
	豆　粕		23.00	—	—	—
	槐叶粉		—	—	2.00	—
	鱼　粉		5.00	10.0*	—	9.0
	油　脂		2.00	—	3.00	—
	脱氟磷酸钙		—	—	—	0.7
	石　粉		—	—	1.00	—
	贝壳粉		0.50	1.0	—	—
	磷酸氢钙		1.00	1.0	1.35	—
	碳酸钙		—	—	—	1.0
	DL-蛋氨酸		—	—	0.20	—
	其他添加剂		0.45	—	—	—
	食　盐		0.25	0.4	0.35	0.3
营养成分	代谢能(兆焦/千克)		12.05	12.89	12.76	12.59
	粗蛋白质	(%)	20.30	20.20	17.9	19.0
	粗纤维	(%)	3.10	2.40	—	—
	钙	(%)	0.71	1.05	0.73	1.15
	磷	(%)	0.62	0.71	0.58	0.76
	赖氨酸	(%)	0.88	1.08	0.93	1.12
	蛋氨酸	(%)	0.36	0.34	0.44	0.38
	胱氨酸	(%)	—	0.29	—	—

* 为进口鱼粉

表 4-19　地方品种肉用黄鸡饲料配方

	配方编号	1 (0～4周龄)	2 (5～12周龄)	3 (13～16周龄)	4 (0～5周龄)	5 (6～20周龄)	6 (0～5周龄)	7 (6～12周龄)	8 (13周龄以上)
饲料名称及配合比例(%)	玉　米	20.0	35.0	49.0	41.4	49.6	64.98	65.98	66.95
	碎　米	—	—	—	12.0	13.0	—	—	—
	稻　谷	40.0	28.5	16.0	—	—	—	—	—
	小　麦	8.50	8.0	9.0	—	—	—	—	—
	花生麸	—	—	—	15.0	9.0	4.0	4.0	2.0
	玉米糠	—	—	—	5.0	5.0	—	—	—
	麦　糠	—	—	—	10.0	8.0	—	—	—
	黄豆麸	—	—	—	8.0	8.0	—	—	—
	麦　麸	—	—	—	—	—	7.0	10.0	12.0
	豆　饼	20.0	19.0	18.0	—	—	13.0	13.0	14.0
	鱼　粉	10.0	8.0	6.5	8.0*	7.0*	9.0	5.0	3.0
	骨　粉	1.5	1.5	1.5	—	—	—	—	—
	贝壳粉	—	—	—	0.6	0.4	—	—	—
	无机盐添加剂	—	—	—	—	—	2.0	2.0	2.0
	蛋氨酸	—	—	—	—	—	0.02	0.02	0.05
营养成分	代谢能(兆焦/千克)	11.59	11.97	12.34	11.88	12.00	12.13	12.13	12.13
	粗蛋白质(%)	19.70	18.40	17.30	20.40	18.00	18.50	17.00	15.00
	钙　(%)	1.03	0.94	0.87	0.91	0.90	1.24	1.06	0.97
	磷　(%)	0.81	0.76	0.72	0.55	0.56	0.65	0.54	0.50
	赖氨酸　(%)	1.19	1.06	0.95	0.85	0.77	0.70	0.76	0.63
	蛋氨酸　(%)	0.36	0.32	0.29	0.33	0.30	0.33	0.27	0.24
	胱氨酸　(%)	0.33	0.31	0.58	0.29	0.21	0.30	0.28	0.27

* 为进口鱼粉

5. 石岐杂鸡不同阶段的日粮配方　见表 4-20，其资料来源于广东省家禽科学研究所。

表 4-20　石岐杂鸡不同阶段的日粮配方

配方类型		幼雏（0～5周）	中雏（6～12周）	育肥期（13～14周）	上市前（15～16周）	产蛋率（50%以下）	产蛋率（50%以上）
饲料名称及配合比例（%）	黄玉米粉	46.0	45.5	53.0	56.0	56.0	56.0
	谷　粉	5.0	12.0	5.0	5.5	5.0	5.0
	玉米糠（米糠）	15.0	13.0	11.0	10.0	10.0	12.0
	麦　麸	6.0	6.0	5.5	6.0	4.0	0
	黄豆饼粉	8.0	6.0	6.0	4.0	4.0	8.0
	花生饼粉	8.0	6.0	10.0	12.0	11.0	8.0
	秘鲁或智利鱼粉	10.0	6.0	4.0	2.0	4.5	5.0
	松针粉	—	2.0	1.0	—	2.0	2.0
	植物油脂	—	—	1.0	1.0	—	—
	蚝壳粉	1.0	2.0	2.0	2.0	2.0	2.5
	骨　粉	0.5	1.0	1.0	1.0	1.0	1.0
	食　盐	0.5	0.5	0.5	0.5	0.5	0.5
营养成分	粗蛋白质（%）	20～21	15.52	16.21	16.03	16.91	17.02
	代谢能（兆焦/千克）	12.00	11.56	12.09	12.09	12.13	12.13
添加料	添加剂（克/100千克）	200	200	150	150	200	200
	多种维生素（克/100千克）	10	10	10	10	10	10
	硫酸锰（克/100千克）	2	2	2	2	5	5
	硫酸锌（克/100千克）	1	1	1	1	2.5	2.5
	蛋氨酸（%）	0.1～0.25	0.1～0.25	0.1～0.25	0.1～0.25	0.05～0.1	0.05～0.1
	维生素 B_{12}（微克/100千克）	—	—	—	360	—	360
	土霉素粉（毫克/100千克）	—	—	—	360	—	360
	杆菌肽（毫克/100千克）	—	—	—	—	100	100

六、提高饲料利用价值的途径

(一)如何减少饲料的浪费

饲料费用是养鸡生产成本中开支最大的项目,约占养鸡总成本的70%~80%。而在实际生产中,由于饲养管理不严格,饲料配合和使用不当,常造成饲料的较大浪费。浪费的饲料一般要占总用量的5%~10%,从而影响养鸡效益。因此,减少饲料浪费是降低生产成本、增加利润的有效措施。

1. 仔细投喂饲料 若料槽、运料和喂料工具破损,饲料袋有破洞,都会造成饲料撒落;雏鸡开食时若在旧报纸上饲喂,鸡很容易将报纸踩碎,饲料因此而漏到地上。应及时将撒落的饲料收集起来。可改用开食盘喂养雏鸡,并做到少喂勤添。

2. 料槽结构要合理、高度要适宜、料位要充足 平养鸡的饲槽、料桶上边缘高度应高出鸡背1~2厘米,以免放得太低而饲料被扒撒出槽外造成浪费。料位应充足,以减少鸡只因争位抢食而造成饲料损失。

3. 加料要适量 据统计,饲槽中饲料只添加至1/3时的浪费仅为添加到2/3时的1/8,是料槽加满时的浪费量的1/10。所以要少量勤添。

4. 保管好饲料 饲料会因日晒、雨淋、受潮、发热、霉变、生虫等原因造成损失。饲料应贮存在干燥、通风处,饲料装在袋中置于离地面20厘米高的木架上。应经常检查室内温度并保持在13℃以下,相对湿度控制在60%以下,这样可防止细菌、霉菌的生长,避免饲料受污染和营养价值下降。其贮存期最好不要超过2个月，否则营养价值会降低。

5. 及时淘汰一些鸡 即淘汰多余的公鸡、弱鸡和残次鸡等，减少不必要的饲料开支。

6. 做好灭鼠、防鸟工作 一只老鼠每年可吃掉6～7.5千克的谷物和饲料，它的粪尿又直接污染10倍于吃掉的谷物、饲料。而且它又是疾病的传播者。鸡场及周围环境应定期灭鼠。在通风口和窗户上应安装防雀网，以防麻雀等野鸟进入，既可减少饲料消耗，又防野鸟传播疾病。

7. 做好防疫驱虫工作 如果鸡群感染了寄生虫，不但要消耗鸡体的营养，而且会因损坏消化道粘膜影响消化吸收功能而降低饲料利用率，所以定期驱虫对减少饲料浪费非常重要。

8. 正确断喙 断喙不仅能防止鸡群发生啄癖，而且能减少饲料浪费。断喙后的采食量要比正常时降低3%～7%。一般断喙在7～10日龄时进行。应正确断喙，以防产生副作用。

9. 补砂 应定期补饲砂粒，或在鸡舍内设置砂盘让鸡自由采食，否则会降低饲料的消化率。

10. 确保饲料质量 应使用全价配合饲料。外购饲料时应经检验合格，要到信誉好的饲料生产厂家购买。应有稳定可靠的购货渠道，既保证质量又便宜，以免购到不合格的低质饲料，造成既浪费饲料又导致肉鸡长速不快的恶劣后果。

11. 保持鸡舍内适宜温度 在20℃左右的最适温度时，鸡的饲料转化率最高。所以，应采取有效的防寒或降温措施来保持鸡舍内温度尽可能达到这个水平。尤其在冬季，应保证鸡舍的适宜温度，否则由于温度过低，鸡群将多消耗饲料来维持体温抵御寒冷。

12. 把握好最佳上市屠宰期 肉鸡生长的后期增重速度减慢，而饲料消耗增加，因此要做好饲养记录，注意观察肉鸡的生长趋势(相对增重率＝本周的绝对增加体重÷上周末的体重×100％)和耗料的比例(本周耗料重量÷本周的绝对增加体重),以此来把握好最佳的上市屠宰期,以免饲料消耗的价值超过了体重增加的回报。

(二)配制日粮的新思路

按照可消化氨基酸含量和理想蛋白质模式给鸡配合“平衡日粮”,使其中的各种氨基酸含量与肉鸡的维持与生产需要完全符合,则饲料转化效率最高,营养素的排出可减至最少,从而减轻对环境的污染,可兼顾经济与环保效益的需要。鉴于这种考虑,肉鸡饲料配方使用理想蛋白质计算方法将具有广阔的发展前景。

所谓“理想蛋白质”是指各种氨基酸间具有适当的比例,使之达到适于肉鸡需要的组成。它是以赖氨酸为基础,计算出其他氨基酸的理想比例。

为了避免各种饲料原料因氨基酸消化率的差异而影响氨基酸适当比例的准确性,在使用“理想蛋白质”时,氨基酸平衡是以使用消化氨基酸作为计算的依据。鸡常用饲料原料各种氨基酸的真消化率见表4-21。

表4-21　常用饲料原料的氨基酸真消化率　(％)

氨基酸	玉米	玉米麸	高粱	小麦麸	大豆粕	羽毛粉	鱼粉	肉骨粉
赖氨酸	81	88	78	72	88	66	88	84
蛋氨酸	91	97	89	82	94	76	92	87
胱氨酸	85	86	83	72	82	59	73	64
精氨酸	89	96	74	79	92	83	92	89
苏氨酸	84	92	82	72	87	73	89	83

续表 4-21

氨基酸	玉米	玉米麸	高粱	小麦麸	大豆粕	羽毛粉	鱼粉	肉骨粉
异亮氨酸	88	95	88	79	92	85	92	86
亮氨酸	93	98	94	79	91	82	92	87
组氨酸	94	94	87	80	89	72	89	79
苯丙氨酸	91	97	91	84	93	85	91	88
缬氨酸	88	95	87	76	91	82	91	86

在真可消化氨基酸的基础上，肉鸡理想蛋白质的推荐量见表 4-22。

表 4-22 肉鸡理想蛋白质的推荐量

氨基酸	肉鸡日龄		
	<14	14～35	>35
赖氨酸	100	100	100
蛋氨酸+胱氨酸	74	78	82
蛋氨酸	41	43	45
苏氨酸	66	68	70
色氨酸	16	17	17
精氨酸	105	107	109
缬氨酸	76	77	78
异亮氨酸	66	67	68
亮氨酸	107	109	111

注：以真可消化氨基酸为基础，对赖氨酸的百分比

在确定饲粮中各氨基酸对赖氨酸的适当比例后，接着应考虑的是可消化氨基酸与能量间的平衡问题。表 4-23 是肉鸡饲喂典型的玉米-大豆粕饲粮时，其能量、赖氨酸及含硫氨基

酸的推荐量。

表 4-23　肉鸡饲粮中能量与赖氨酸、含硫氨基酸的推荐量

氨基酸		肉鸡日龄		
		<14	14～35	≥35
代谢能	(千焦/千克)	12970	13389	13598
赖氨酸,总量	(%)	1.28	1.17	1.00
赖氨酸,可消化	(%)	1.18	1.03	0.88
蛋氨酸＋胱氨酸,总量	(%)	0.94	0.90	0.82
蛋氨酸＋胱氨酸,可消化	(%)	0.84	0.81	0.72
蛋氨酸,总量	(%)	0.54	0.50	0.45
蛋氨酸,可消化	(%)	0.48	0.45	0.40

对此,还必须将经济效益考虑进去,如氨基酸的价格、含粗蛋白质、能量较高的饲料原料价格等。总之,应以每一单位的投入获取最大利益为终极目标。

(三)应用酶制剂提高饲料的转化率

近年来,在鸡营养领域令人兴奋的是饲用酶的研究,这将是下一个10年发生的一场鸡营养的革命。

通过对植物性饲料原料的细胞结构、成分和性质的分析,发现植物细胞壁与细胞间质中存在着很多妨碍消化的非淀粉多糖类物质(表4-24)。

表 4-24　若干饲料中妨碍消化的物质

饲料原料	妨碍消化的物质与难消化的成分	饲料原料	妨碍消化的物质与难消化的成分
大　麦	β-葡聚糖、戊聚糖	油菜籽	鞣酸、烟菌酸、食物纤维
小　麦	戊聚糖、果胶	向日葵籽	鞣酸、食物纤维
西非高粱	鞣酸	羽扇豆	生物碱、食物纤维
小黑麦	戊聚糖、果胶、可溶性淀粉、蛋白酶抑制剂	豌　豆	外源凝集素、鞣酸、食物纤维
菜　豆	蛋白酶抑制剂、外源凝集素、鞣酸、蚕豆嘧啶、葡糖苷、伴蚕豆嘧啶核苷	玉　米	戊聚糖、果胶
大　豆	蛋白酶抑制剂、致甲状腺肿物、外源凝集素、皂苷、大豆球蛋白、胶固素、低聚糖	黑　麦	戊聚糖、果胶、β-葡聚糖、鞣酸、可溶性淀粉、烷基间苯二酚、蛋白酶抑制剂

饼粕类是我国蛋白质饲料的主要来源，可是大豆饼、棉籽饼和菜籽饼的蛋白质利用率只分别为 70%，50%和小于 50%。大麦、小麦细胞壁中的非淀粉多糖，主要是β-葡聚糖和戊聚糖，仅能部分被家禽消化。豆类和谷物种子中大部分磷元素以植酸的形式存在，不能被禽类降解利用，有机磷的排出还会引起环境污染。经研究发现，当添加适当的微生物酶制剂后，可分解植物细胞壁、植酸、蛋白质和淀粉等养分，进而提高饲料消化率和利用率，降低家禽粪便中的有效养分。特别是对于消化系统尚未发育成熟的幼小家禽，在饲料中添加酶（如淀粉酶、蛋白酶），可使淀粉和蛋白质得到更充分的消化。有人在饲喂肉鸡时添加植酸酶，发现鸡生长速度加快，饲料转化率提高，并能改善钙、磷的利用，磷的排出量减少了一半。

目前，由于对酶在消化道内产生效用的作用位置还缺乏系统的认识，酶制剂应用的协同作用以及酶制剂的生产方式等，都有待进一步研究。但随着基因工程、蛋白质工程等生物技术在酶制剂生产中的逐渐应用，各种淀粉酶、β-葡聚糖酶、纤维酶和蛋白酶生产成本的降低，必将在未来的肉鸡养殖业中得到普遍的应用，使常规的饲料转化率得到大幅度的提高。

第五章　规范的饲养管理技术

一、在饲养管理方面常见的主要问题

（一）免疫不合理

其一，有的直接用加入漂白粉的自来水稀释疫苗，有的地方直接使用不经处理的硬度高的水稀释疫苗，由这些水稀释的疫苗其免疫效果下降。

其二，操作方法不当。在点眼、滴鼻时不能确保适量的疫苗吸入鼻中或滴入眼内，因而造成免疫剂量不足；在饮水免疫时水量太少，致使部分鸡喝不到或喝不足，或饮水在短时间内不能喝完而造成疫苗的效价降低，导致免疫剂量不足。这些都使免疫达不到相应的效果。

其三，人为随意地改变免疫途径，致使免疫失败。如新城疫Ⅰ系苗是中等毒力的疫苗，大多采用肌内注射的方法免疫。有些养殖户只图方便省事，随意地用饮水的办法来免疫，结果引起鸡机体不断向外排毒而污染鸡场。又如鸡痘疫苗应采用刺种办法实施免疫，有些养殖户却采用饮水的办法，实际上鸡痘疫苗饮水接种起不到免疫的作用，还造成鸡场污染。

其四，肉鸡的免疫程序，本该根据鸡的来源地、饲养地疫病流行情况以及鸡的亲代免疫程序和母源抗体的高低制定。如在没有发生过传染性喉炎的地区接种传染性喉炎疫苗，这不仅浪费疫苗，而且还污染了这一地区。有的养殖户见别人免啥自己也免啥，或者把几个免疫程序组合在一起，认为这可以互补所短，随意性很大，往往达不到应有的免疫效果。

其五，生产疫苗的厂家众多，有的质量好，有的质量劣，加之经销商在经营过程中由于疫苗的运输、保存等问题可能造成疫苗失效或质量下降。而养殖户如果贪图便宜购买此等疫苗，免疫必然失败无疑。

其六，有些养殖户认为只要使用疫苗就能控制传染病而过分依赖疫苗的作用。有的在暴发鸡新城疫后，应用Ⅳ系苗5倍量，不产生明显效果时就盲目地增加到10几倍量，似乎疫苗用量越大免疫效果就越理想。其实，过量的疫苗能引发强烈的应激反应，引起免疫麻痹，甚至引发该病。

其七，有些养殖户不根据鸡群健康和应激因素等状况决定是否实施免疫，在炎热、鸡体状况不佳和转群、断喙等应激或鸡群正在发病时接种疫苗，其结果可能引发大群发病。

(二)饲养管理粗放

其一，饲养制度无定规。任意变更作业程序，虽有定时饲喂的制度，但随意推迟饲喂时间；随心所欲地并群，鸡群群体过大，密度过密；不按公母正常比例组群，造成性比不当，公鸡过多，引发打斗应激；有的在育成期提供营养过高的饲料，甚至仍用雏鸡料，结果造成鸡体重过大、过肥；有的认为育成期无关紧要，只要鸡不死，就不怕到时候不生蛋，从而放松饲养管理，结果造成生长发育迟缓，鸡群不整齐。

其二，管理粗放马虎。经常发生缺食、断水现象；鸡舍温度过高、过低或大幅度地升降，育雏室温度过低造成雏鸡卵黄吸收不良及感冒，夏季不采取有效降温措施引起中暑；冬季只顾保温却造成通风不良，使氨和硫化氢气体严重超标，粉尘过多，鸡舍郁闷，或通风换气时让冷空气直吹鸡身甚至形成贼风，都极易激发鸡呼吸道病的发生；光照制度的突然变化、光线过强、突然声响等都极易引发鸡群的挤、堆、压，造成鸡群损失。

其三，饲养也是一个细致观察鸡群生长变化、疾病征兆的过程。可是，不少养殖户不仅不认真观察鸡群的各种动态，做到强弱分群，而且对每天鸡喝多少水、吃多少料、用了什么药、用多少药等都不作记录，这就不可能从鸡群动态的分析中发现疾病的预兆；对病鸡、残鸡舍不得及时淘汰，也不隔离，给鸡群留下了传播疾病的传染源。

（三）用药不当

其一，滥用抗生素等药物。有的养殖户将抗菌药物长期添加在饲料和饮水中，就以为可以防治疾病。其实抗生素仅能预防细菌的继发感染，对病毒根本无效。有的“三天不用药，老是睡不着”，可用可不用时宁可用了似乎才放心；用一种药即可奏效的，却将几种药合用，自以为更加保险。

滥用的结果是破坏了鸡体内菌群的平衡，使敏感病原产生耐药性，对鸡体产生不良反应甚至中毒。

其二，不科学用药，随意加大用药量。有些养鸡户，或是出于对当前兽药的质量无法保证的顾虑，或是在疾病治疗和预防中操之过急，以为用药剂量越大治疗效果越好，盲目加大用药剂量。如在防治雏鸡白痢时，将禁用药氯霉素的拌料量加了1倍达到0.2%，或是将痢特灵（呋喃唑酮）拌料量从0.04%盲目增加到0.06%，其结果不仅增加了用药成本造成浪费，而且还伤害了病鸡的脏器甚至引起蓄积中毒现象，引发细菌产生抗药性，致使同样的药物在使用一段时间后没有当初那么灵了。对于诸如痢特灵、喹乙醇等安全范围很窄的药品，某些养殖户由于认识不够，在使用过程中，因与饲料拌和不匀造成局部饲料药物浓度过高而中毒的现象时有发生。

其三，不按规定用药。任何药物都必须在鸡体内维持一定的时间（如抗菌药物一般疗程是3～5天），要连续给予足够的剂量，保证药物在体内达到有效的血药浓度才能起到杀灭病菌的作用。如磺胺类药物首次用量应加倍，且按3～5天一个疗程才有效。可是有的养殖户心急如焚，要求投药后立竿见影，当一种药物用了才1～2天，自认为效果不理想而立即更换另一种药物，甚至换了又换。这样做往往达不到应有的药物疗效，疾病难以控制。还有的养殖户在使用某种药物1～2天后，病鸡刚有好转就停药，不能继续进行巩固性治疗，造成疾病复发。

药物剂量用得过大，严重的可引起药物中毒甚至死亡。相反，剂量不足，不仅难以控制病情，甚至多次使用后使细菌产生抗药性。

其四，忽视了药物配伍禁忌。合理的药物配伍可以起到药物间的协同作用。但如盲目配伍则会造成危害，轻则造成用药失效，重则鸡体中毒死亡。如青霉素与磺胺类药物合用时，由于磺胺类药物大多碱性较强，而青霉素在碱性环境中极易被破坏而失去活性。又如，有的养殖户在治大肠杆菌病时，将氟哌酸与氯霉素一起饮水应用，由于氯霉素抑制了核酸外切酶的合成而使二者药效减弱或失败。

其五，不注重药物质量，盲目迷信“新药”、“洋药”。有些养殖户对“洋药”和刚上市的“新药”情有独钟，不看成分如何、价格高低，认的就是“新”和“洋”。其实有一部分所谓“新药”，只是改变名称、换了包装的“老”药，而不少进口的“洋药”其成分与国产药完全一样，只是商品名称不同而已。有的养殖户只论药物的价格便宜，不顾其有效成分和内在质量以致于受骗上当，使用了假冒伪劣的药品，不仅没达到治疗效果，还损伤了鸡体，得不偿失。

二、落实以预防为主的综合性防疫卫生措施

只有根本转变观念，走出误区，才能做到防重于治。农村养鸡中有不少是：只要少投入，有些病能不防就不防。但当疾病到来时又盲目用药，造成的损失更大。所以，预防是主动的，治疗是被动的。要做到防重于治，就要从环境管理、消毒、卫生、免疫、检测等诸多方面对群发性疾病，尤其是各类传染性疾病为重点采取预防措施，才能降低疫病的发病率和死亡率，使一些普遍发生、危害性大的疫病得到有效控制。

（一）鸡体的防御机构

鸡体的防御机构见图 5-1。

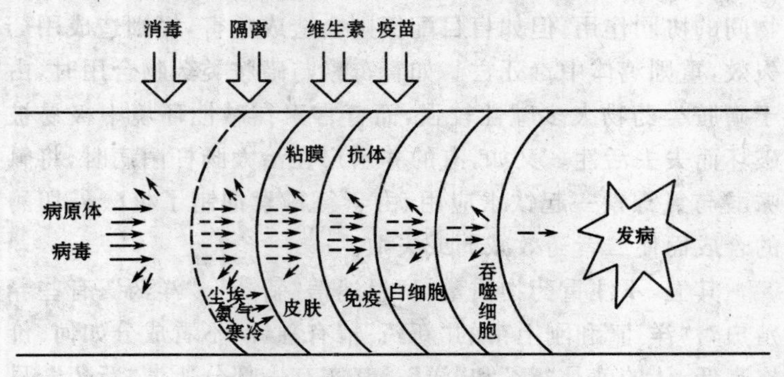

图 5-1　鸡体的防御机构示意

图 5-1 表明了覆盖在鸡体最外层的皮肤和粘膜是鸡体防御外来异物(病原菌、病毒)侵入的第一道屏障。健全的细胞壁能抵御入侵而不发生感染。细胞壁的健全程度与全身的健康状况息息相关。集约化密集饲养的环境,恰恰正是造成鸡舍内氨气浓度增高及尘埃、寒冷、干燥这些外界条件对粘膜、皮肤产生不良的刺激,以至伤害了细胞壁,使鸡的防御功能减弱,病原菌和病毒就容易侵入。而维生素(特别是维生素 A,维生素 D,维生素 E)有增强细胞屏障功能的作用。

当病原菌、病毒侵入细胞壁后,第二道屏障开始发挥作用的是免疫抗体,这就是在事先按照入侵者的不同种类,由人工接种相应的疫苗使鸡体产生免疫抗体,来抵御入侵的病原菌和病毒。此外,白细胞和巨大的吞噬细胞都是继第二道屏障后的防御屏障,它们毫无选择地攻击病原菌和吞食侵入的病原菌。鸡体就是这样阻挡病原菌、病毒的入侵及增殖,以防止疾病的发生。

因此,消除对鸡体防御机构的侵害因素和增强鸡体的防御能力,就能保障鸡体的正常生长。而"消除"和"增强"的实质就是以"预防为主"的综合性防疫卫生措施的两大部分,前者就是在第二章中涉及的阻断病原菌、病毒与鸡体接触的"严格的隔离"和杀灭病原菌、病毒的"有效的消毒"措施。而后者涉及的是鸡体的保健。其一在于减少各种应激因子引发的应激反应而减弱免疫应答和防御能力,其二就是适时地针对相应的病原菌、病毒,人为接种疫苗,使鸡体产生免疫抗体,以保护自身抵御病原体等的侵袭。有关鸡体的保健将在本章叙述。

在这些预防措施的前提下,保障鸡体正常生长发育取得效益的,则是肉鸡规范的饲养管理技术。

（二）鸡的应激及其调整对策

1. 鸡的应激 应激是指机体对外界或内部的各种异常刺激所引起的非特异性应答反应的总和，是处于健康和疾病之间的一种过渡状态。如果对应激状态放之任之，它有可能发展为疾病；反之，如果重视它，及时消除它，就可以恢复健康。所以说，"应激"对以预防疫病为主的养鸡业具有特别重要的意义。

应激分为三个阶段，即警戒期、抵抗期和疲劳期（表5-1）。

表5-1 肉用仔鸡在各应激期的生长性能变化

应激各期	肉用仔鸡生长性能变化
警戒期（紧急反应阶段）	食欲减退
抵抗期（适应阶段） 肾上腺皮质激素分泌量增加 强应激 ↓ 持续应激	增重停止
疲劳期（衰竭阶段） 肾上腺功能障碍 肾上腺皮质激 ↓ 素分泌量减少	生长性能降低
抗病力降低→发病	发病致死

处于警戒期（紧急反应阶段）的健康雏鸡，依靠肾上腺皮质激素，能够很好地耐受，但已表现为食欲减退；在抵抗期（适应阶段），肾上腺皮质激素分泌持续亢进，此时已表现为增重停止；当进入疲劳期（衰竭阶段）已导致肾上腺功能障碍，肾上

腺皮质激素分泌量极度减少，此时若有病原菌、病毒侵袭，则会由于抵抗力降低而发病，直至死亡。

2. 应激因素 肉鸡在集约化饲养环境中和饲养管理紊乱的情况下，许多不可避免的应激因素必然导致应激的产生。各种应激因素大致可分为：

（1）生理应激 放养的鸡，由于自由采食，能平衡地摄食必要的营养成分，因此，肾上腺皮质激素能正常分泌而不引起应激。但是人工喂养的鸡，由于不注意而造成饲料的绝对量不足或养分不平衡，易使肾上腺皮质激素缺乏而引起应激。

在肾上腺中，维生素 C 参与肾上腺皮质激素的生成，如果营养不足，肾上腺中的维生素 C 含量减少，会导致生理应激。

（2）环境应激

①高温或寒冷 是环境因素的一类应激因素。它的影响是明显的，连续高温或寒冷，或反复急剧寒、热袭击，可以使肉用仔鸡生长发育停滞。

②鸡舍的贼风和鼠、猫、犬、野鸟的侵入 尤其在冬季，贼风对肉用仔鸡是一个严重的寒冷刺激，结果使采食量增加而体重停止增加。在平面饲养的情况下，雏鸡为取暖而拥挤堆叠，结果造成窒息死亡。

鼠、猫、犬、野鸟窜入鸡舍，除引起鸡群的神经质地惊恐外，还有带入传染病和寄生虫的危险。

③通风不良 通风不良可以导致氧气不足，加之鸡舍内鸡粪干燥不好，鸡吸入氨气等有害气体而造成应激，不仅使肉用仔鸡生产性能下降，而且容易发生呼吸道病。

④反复的噪声、异常声和突然声响 噪声虽然对肉用仔鸡生长没有影响，但它影响产蛋鸡群的产蛋率。而不定时的断

续声响，可以引起对突然声响敏感的肉用仔鸡发生群聚而导致压死，所以，要防止多余的突然声响。

此外，连续阴雨造成的湿度加大、饲料中黄曲霉毒素以及大气的污染等，也都是环境的应激因素。

(3)管理应激　由于饲养者不注意或仅为了眼前的利益而造成管理上的失误，这些也都会对肉用仔鸡构成严重的应激。

①密度增加　凡是超过标准饲养密度的都可看作是应激因素。在高密度饲养情况下，不仅鸡的生长性能显著降低，还可能招致疾病，加重胸囊肿及外伤等残疾。

②不同日龄鸡的混群饲养　在一幢鸡舍内饲养不同日龄的肉用仔鸡时，年幼鸡由于紧张而处于应激状态，同时，来自年长鸡呼吸道病的病原体的传染和寄生虫等更易加重应激。

③水和饲料的突然变化或不足　限制供水1～2周后，鸡的增重立即停止，若长期饮水不足，可明显降低生长速度。因此，必须让鸡自由饮水。改变日粮时，要缓慢变换，逐步进行。

④断喙和捕捉　为防止鸡采食时散落饲料和同类残食的恶癖，需要进行断喙，但这对肉鸡却是一个应激因素。此外，在育雏过程中的不少操作均要捉鸡、转群，这些都会引起应激，稍不注意还容易造成骨折、碰伤，以至屠体降级处理。所以，应慎重对待并尽量减少捕捉次数。

⑤入雏时由于运输、转移造成的应激　初生雏鸡在孵化时常常受到死胎蛋、出壳后即死亡的雏鸡的污染，加之运输时的污染和运输造成的体力消耗，均构成严重的应激，对肉用仔鸡的生长有明显的影响，而且稍有疏忽就会成为发病的诱因。

(4)卫生应激　肉用仔鸡受病原微生物或寄生虫感染而引起的应激，能造成生产上的严重损失。即使部分鸡发病，而大多数鸡处于感染阶段，但整个鸡群的生产性能却下降了。因此，必须采取防病的各种卫生措施，使应激减到最低限度。

①接种疫苗、驱虫投药引起的应激　接种疫苗造成的应激，均出现增重减退乃至停止的反应。

②病毒的潜伏感染引起的应激　可使肉用仔鸡的生长能力不能持续充分发挥。

③细菌的隐性感染引起的应激　这种隐性感染在鸡体外观上不出现症状，但却持续存在，它对鸡的影响是缓慢的。

④体内外寄生虫的不显性感染所引起的应激　这与细菌的隐性感染相仿，在外观上不出现急剧变化，对鸡的影响是缓慢的。如慢性球虫病，原虫在肠粘膜上皮细胞内分裂增殖，致使细胞失去正常功能，结果导致营养吸收不良，缓慢地阻碍着肉用仔鸡的生长。

3. 应激的主要危害　应激造成的危害，既有单一的，也有综合的，各种不同的应激源引起鸡全身性反应的称为“全身性适应综合征”。常见的主要危害有：

其一，鸡体发育不良，育成率、存活率低下，产蛋率下降。如高温可使产蛋率下降 35%。

其二，免疫力下降，发病率增高，密度应激可引起群体应激综合征。群体应激环境下，鸡对病毒性传染病较敏感，而对细菌性传染病敏感性则较低。

其三，蛋重减轻，蛋内容物稀薄，蛋壳变薄，破蛋率上升，软蛋率增加。

其四，繁殖率下降。热应激影响精子的生成，精液品质变差，受精率降低。

其五，由于维生素需求量大幅度增加，容易导致维生素缺乏症。

4. 对应激的调整对策 应激对雏鸡生长发育和免疫功能均有抑制作用，是疾病恶化和增加死亡率的主要因素。应激因素众多，其中有一些是人为的应激，如饲养密度增加，水和饲料的突然变化等，这些可以通过加强管理来消除，但也有一些是避免不了的，如断喙、捕捉、疫苗接种等，应设法减少次数和强度。为了预防和减少应激的不良后果，可用药物进行调整。一般有以下三类药物：①预防药。能减弱应激因素对机体的作用，如安定镇痛药、安定药、镇静药等。②适应药。能提高机体的防御力，起缓和与调节刺激因素的作用，如地巴唑、延胡索酸、维生素 C、刺五加和人参等。③对症药。是指对抗应激症状的药物。用于调整应激的药物，主要有以下几种：

氯丙嗪：是安定镇痛药，用药后能使鸡群安静并易于捕捉。对鸡明显的作用时间是用药后 5 小时。雏鸡在转群、接种前后 2 天内随饲料喂给，剂量为每千克体重 30 毫克。

延胡索酸：可以降低鸡体紧张度，使神经系统的活动恢复正常，用作转群、运输和接种鸡新城疫疫苗时的预防药物。可在发生应激前后各 10 天内按每千克体重 100 毫克的剂量喂给。

盐酸地巴唑：对平滑肌有解痉作用，可降低动脉压。在雏鸡转群时按每千克体重 5 毫克的剂量投喂，每天 1 次，连喂 7～10 天。

维生素制剂：能提高鸡对应激因素的抵抗力。用量为常用剂量的 2～2.5 倍。复合维生素的抗应激作用较明显。在日粮中添加维生素 C，有助于减轻如断喙、转群等应激因素的有害影响。维生素 C 能改善应激因素对鸡免疫的影响，还能增强鸡对细菌和病毒性疾病的抵抗能力。最好的办法是在应激因素发生之前，在鸡的饮水中添加 1 000 毫克/升的维生素 C。

由于维生素既可用作适应药，又可用作应激预防药，因此，目前已广泛应用高剂量维生素以预防鸡的应激(表 5-2)。

表 5-2　肉用仔鸡处在正常和应激期中维生素推荐量的对比

维生素种类		0～8 周		8 周以上	
		正　常	应激期	正　常	应激期
维生素 A	(国际单位/千克)	10000	20000	5000	15000
维生素 D_3	(国际鸡单位/千克)	550	1000	550	1000
维生素 E	(国际单位/千克)	5	20	2.2	20
维生素 K_4	(毫克/千克)	2	8	2	8
硫胺素	(毫克/千克)	2	2	2	2
核黄素	(毫克/千克)	4	6	4	6
泛　酸	(毫克/千克)	13	20	12	20
烟　酸	(毫克/千克)	33	50	25	40
吡哆醇	(毫克/千克)	4	4	3	4
生物素	(毫克/千克)	0.12	0.12	0.12	0.12
胆　碱	(毫克/千克)	1300	1300	1100	1100
叶　酸	(毫克/千克)	1.2	1.5	0.35	1
维生素 B_{12}	(毫克/千克)	0.01	0.02	0.006	0.01

鸡常见的应激因素与应用药物见表 5-3。

表 5-3　鸡常见的应激因素与应用药物

应激因素	用药时间	药　物
转群、运输、接种	应激前 1.5 小时和以后 2 天内	氯丙嗪
	应激前后各 10 天内	延胡索酸
	应激后 7～10 天内	盐酸地巴唑
	应激前预防	维生素 C

续表 5-3

应激因素	用药时间	药物
捕捉、采血	应激前 1.5 小时和以后 2 天内 应激前后 3～5 天	氯丙嗪 维生素制剂
热应激、密度应激	发生热应激反应时 发生应激反应前后 发生应激反应时	杆菌肽锌盐 维生素 C 维生素 E
环境应激	发生应激反应时 发生应激反应前	维生素 E 维生素 C
断喙、噪声、惊慌	应激后 1.5 小时	氯丙嗪、利血平
管理制度(笼养、平养、网上平养)		B 族维生素和维生素 K

(三)"保健卫生计划"的制订

1. 参考免疫程序 保护鸡体的健康和预防群发性疾病的发生，尤其重点突出在对各类传染性疾病的预防，是制定"保健卫生计划"的着眼点。要根据鸡的来源地和本地的疫病流行情况、亲代鸡的免疫程序和母源抗体的高低来制定本场切实可行的免疫程序。由于马立克氏病和传染性法氏囊病对免疫中枢器官的损害是终生的，因此，首先要预防的是能引起免疫抑制的马立克氏病和传染性法氏囊病，这样才能保持鸡体免疫系统的功能，在此基础上才能预防其他疫病。

(1)免疫程序参考 通用于所有养鸡场的免疫程序是不现实的，因此，所列免疫程序仅作参考。养殖户应根据自己鸡场的实际情况进行修订。更可靠的办法，是通过监测母源抗体等手段来确定有关疫苗使用的确切日期(表 5-4)。

表 5-4 鸡免疫程序参考

年 龄	疫 苗	接种方法	年 龄	疫 苗	接种方法
1 日龄	马立克氏病	皮下注射	8 周龄	禽痘	刺种
7 日龄	新城疫(B_1 株)	饮水或滴鼻	10 周龄	传支(H_{52})	饮水
14 日龄	法氏囊病	饮水	14 周龄	新城疫(Lasota)	饮水
21 日龄	新城疫(Lasota)	饮水	16 周龄	传支(H_{52})	饮水
28 日龄	传支(H_{120})	饮水	18 周龄	法氏囊病油乳苗	皮下或肌注
5 周龄	法氏囊病	饮水	19 周龄	新城疫油乳苗	皮下或肌注
7 周龄	新城疫(Lasota)	饮水			

(2)疫苗使用的注意事项

第一,在对症接种了疫苗后,不能就高枕无忧了,还需要加强卫生管理措施,否则,在免疫鸡群中还能有鸡发病。

第二,冻干苗在运输和保存期,温度要尽量维持在 2℃～8℃,最好是保持在 4℃,避免高温和阳光照射。禽霍乱氢氧化铝菌苗保存的最适温度是 2℃～4℃,温度太高会缩短保存期,如果发生冻结,可破坏氢氧化铝的胶性以致失去免疫特性。此外,所有的疫苗和菌苗都应在干燥条件下保存。

第三,不使用已超过保存期的疫苗和菌苗。瓶子破裂、长霉、无标签或无检验号码的疫苗和菌苗,均不能使用。

第四,使用液体菌苗时,要用力摇匀;使用冻干苗时,要按产品使用说明书指定使用的稀释液和稀释倍数,并充分摇匀。绝对不能用热水稀释,稀释的疫苗不能靠近热源或晒到太阳,应放置在阴凉处,且在 2 小时内用完,马立克氏病疫苗必须在 1 小时内用完,否则就可能导致免疫失败。

第五,接种弱毒活菌苗前后各 1 周,鸡群应停止使用对菌苗敏感的抗菌药物。接种病毒性疫苗时，在前2天和后3天的饲料中可添加抗菌药物，以防免疫接种应激可能引发其他细菌感染。各种疫(菌)苗接种前后，应加喂1倍量的多种维生素，以缓解应激反应。

第六，接种用具，包括疫苗稀释过程中要使用的非金属器皿，在使用前必须先消毒后用清水洗刷干净。当接种工作一结束，应及时把所用器皿及用剩的疫苗经煮沸消毒，然后清洗，以防散毒。

(3)饮水免疫的要点

其一，适于饮水免疫的疫苗，一般是弱毒冻干疫苗，如新城疫Ⅱ系和Ⅳ系苗、传染性支气管炎H_{120}和H_{52}苗、传染性法氏囊病弱毒冻干疫苗等。灭活疫苗不得用于饮水免疫。

其二，饮水免疫前，应详细检查鸡群健康状况，将病、弱鸡或疑似病、弱鸡及时隔离出去，且不得给隔离鸡进行饮水免疫。

其三，饮水免疫的机制在于通过呼吸道。所以，饮水器中的水要有一定的深度，这样鸡饮用疫苗时鼻腔可进入水中，同时配合停水措施(在饮水前应停水2～4小时，可视鸡舍温度和季节适当调整停水时间，夏季可在夜间停水)和给予2/3鸡群的饮水槽位，造成饮水时你争我夺的局面，必然会达到呛水的效果——使疫苗由鼻腔进入呼吸道。

第四，为了使每只鸡都能饮到足够量的疫苗，饮水时间应控制在1～2小时之间结束；在认真观察饮苗前3天鸡的饮水量后，取其平均值的40％就是饮苗的用水量。

第五，在饮水免疫前也必须控料；免疫前后3天不带鸡消毒和饮水消毒；饲料中加入倍量的维生素A，维生素E和维生素C；免疫结束后应停止供水半小时，之后才能供给含多种维生素的饮水，以缓解应激，1 小时后才能喂料。

2. 定期开展对鸡白痢病的检疫工作

(1)定期检验 种鸡场从 2 月龄开始每月抽检，凡检出为阳性的鸡只都予以淘汰。在 120 日龄及种鸡群留种前，用全血玻板凝集反应法对全群逐只进行采血检查，淘汰阳性鸡。间隔 1～2 周再重复检查一次，彻底淘汰带菌的种鸡。只有切断病原的垂直传播来源，才能确保下一代雏鸡不受感染。

(2)严把进雏关 商品鸡场必须严格把好进雏关，购买无垂直传播疫病种鸡场的雏鸡。

(3)应用抗生素治疗的基本原则

其一，应选择对病原微生物高度敏感、抗菌作用最强或临床疗效较好、不良反应较小的抗菌药物(表 5-5)，切忌滥用。

表 5-5 若干家禽疾病对部分抗生素的选择

病名	青霉素	红霉素	链霉素	庆大霉素	四环素	强力霉素	洁霉素	壮观霉素
鸡白痢			+	+	+	+		+
禽霍乱			+	+	+	+		+
鸡伤寒			+	+	+	+		+
鸡慢性呼吸道病		+	+	+	+	+	+	+
鸡传染性鼻炎		+	+	+	+			
禽链球菌病	+	+		+	+		+	
禽葡萄球菌病	+	+		+	+		+	

注：+ 表示对疾病具有作用

其二，一般在开始用药时剂量宜稍大，以便给病原菌致命性打击，以后应根据病情适当减少剂量。疗程应充足，一般连续用药 3～5 天，直到症状消失后，再用药 1～2 天，以求彻底治愈，避免复发。

其三，要准确掌握用药量和时间，尽量避免大剂量和长期应用造成的严重不良反应。由于残留药物会对人体健康造成危害，因此一定要严格按照各类抗生素的停药期用药，避免对人体造成危害。由于抗生素对某些活菌苗的主动免疫过程有干扰作用，因此在给鸡只使用活菌苗的前后数天内，以不用抗生素为宜。

其四，为保证得到有效血浓度来控制耐药菌的出现，治疗时剂量要充足，疗程、用法应适当，切忌滥用。为防止和延迟细菌耐药性的产生，可以用一种抗菌药物控制的感染就不要采用几种药物联合应用，可以用窄谱的就不用广谱抗生素，还可以有计划地分期、分批交替使用抗生素类药物。

其五，抗生素对病毒感染无效，有时为了防止细菌的继发感染也可慎重使用，但鸡群病情不太严重、病因不明的发热，不宜使用抗生素。在疾病确诊后，有条件的应做药敏试验，可有的放矢地选择最敏感药物，避免盲目用药而贻误治疗。

3. 对在温暖、多湿期间特别多发的球虫病的预防措施 球虫病主要发生于3月龄内的鸡，15～50日龄最易感。长年均可发生，但在适于卵囊成熟的6～7月份、气温在22℃～30℃和雨水较多的季节有多发的倾向。它的发病率和病死率很高。

由于球虫病卵囊的生命力极强，常温下可生存2年多，一般的消毒药对它无效。据说有一种“邻二氯苯合剂”的消毒药虽说有效，但其效果也不像对细菌、病毒那么好。因此，要注意做好以下几个方面的工作：一是对鸡粪和垫草的处理。必须在鸡只全部出舍后进行彻底的清扫，并不能将鸡粪和垫草散落在鸡舍内外和路上。采用火干烧能完全杀死鸡粪、垫草中的卵囊,发酵也是好办法。二是鸡舍内不能有经常积水的地方。三是由于鸡舍地面消毒时,不可能杀死地面上的卵囊,所以清扫一定要彻底,并将扫出的垃圾混在鸡粪中焚烧处理。冲洗鸡舍后,在排水口和污水池中要用稀释 100 倍以上高浓度的消毒药来杀灭,作用时间要超过 6 小时。四是用煤气喷灯喷烧地面,即用火焰直接烧死卵囊是可行的。但由于效率低,适用于小面积的育雏室,对大鸡场可能不太适用。因此,目前对球虫病更多的是药物预防。在使用中应掌握的几个要点是:

一是在使用抗球虫病药物的同时,要加强和改善饲养管理,以提高鸡体的抵抗能力。在管理上可根据球虫病多发生于 15～50 日龄的雏鸡,可将 12 日龄的雏鸡上架饲养。

二是为防止球虫产生耐药性,可采用在短时间内有计划地交替使用抗球虫药的办法。如开始应用抑制第一代裂殖体生殖发育的抗球虫药,以后可换用抑制第二代裂殖体发育的抗球虫药。

三是要掌握药物的作用峰期。作用峰期是指抗球虫药适用于球虫发育的主要阶段。对作用峰期在感染后第一、二天的抗球虫药,其抑制作用是在球虫的第一代无性繁殖初期和第一代孢子体,抗球虫作用较弱,常用于预防,对产生免疫力不利。而作用峰期在感染后第四天的抗球虫药,即对第二代裂殖体有抑制作用,作用较强,常作治疗药用,对机体的免疫性影响不大。在使用中对影响免疫力的药物,一般不宜使用过长时间。

四是预防药残的重要性。由于抗球虫药一般用药时间相对较长,它必然会在肉、蛋中有残留,被人们食用后,会直接危害人体健康。所以在上市前若干天必须停药(表 5-6)。

表 5-6 若干抗球虫药的用药量与上市前休药期

药物品称	作用峰期（感染后天数）	一般用药量(‰)	上市前休药期（天）	限制应用
球痢灵	2～4	0.25(连喂 3～5 天) 0.125(预防量)	5	
莫能菌素	2	0.125	3	产蛋鸡
氯苯胍	3	0.03	7	产蛋鸡
盐霉素	4	优素精 0.5 球虫粉-60 0.7	0	
速　丹	2	1.5～9 毫克/千克 (常用量为 5)	5	

根据欧盟 99/23(EEC)2377/90 指令和日本政府对输日肉鸡药物残留控制要求，下列药物为出口肉鸡禁用药(表 5-7)。

表 5-7 出口肉鸡禁用药名录

序号	药　名	序号	药　名	序号	药　名
1	氯霉素	5	氯丙嗪(冬眠灵)	9	甲硝咪唑
2	呋喃类(包括痢特灵、呋吗唑酮、呋喃西林等)	6	秋水仙碱	10	洛硝达唑
3	马兜铃属植物及其制剂	7	氨苯砜	11	克球粉
4	氯仿	8	二甲硝咪唑(达美素)	12	尼卡巴嗪(球虫净)

续表 5-7

序号	药　名	序号	药　名	序号	药　名
13	磺胺-5-甲氧嘧啶（球虫宁）	18	磺氨喹噁啉	23	磺胺嘧啶
14	氨丙啉（鸡宝-20，富力宝、安宝乐）	19	甲砜霉素	24	前列斯叮
15	磺氨间甲氧嘧啶（制菌磺、泰灭净）	20	灭霍灵	25	万能胆素
16	磺胺二甲嘧啶	21	螺旋霉素		
17	恶喹酸	22	喹乙醇（喹酰胺醇、快育诺、痢菌净）		

另外，有部分药品必须在宰前 15 天停用，如大环内酯类（红霉素、泰乐菌素、北里霉素等）、喹诺酮类。

三、肉用种鸡的控制饲养技术

肉用鸡的最大特点是生长快速、沉积脂肪能力很强，无论在生长阶段还是产蛋阶段，如果不执行适当的限制饲养制度，种母鸡会因体重过大、脂肪沉积过多而导致产蛋率下降，种公鸡也会因过肥、过大而导致配种能力差，精液品质不良，致使受精率低下，甚至发生腿部疾病而丧失配种能力。产蛋率与受精率都直接影响肉用仔鸡苗雏的来源，为了提高肉用种鸡的繁殖性能及种用价值，必须抓好以下关键技术：①限制性饲养制度；②肉用种鸡的体重和体形控制技术；③光照控制等。

（一）肉用种鸡的限制饲养

1. 限制饲养的好处

（1）取得合理的养料，以维持营养平衡 限制饲喂，是在饲喂量上使鸡群于第二天喂料前能将头天喂的料的粉末都吃得干干净净；在营养上，按要求设计的饲料营养能全部被鸡所摄取，从而确保鸡的营养需要与平衡。反之，过量地投喂饲料，让鸡群从容不迫地挑拣，养成挑食、偏食粒状谷类的习惯，使食入的能量过多，而蛋白质、维生素不足，营养不平衡，严重影响肉、蛋的产量。

（2）增加运动，有利于骨骼、脏器发育 由于限制饲喂，在早上投料前饲料槽内已干干净净，没有饲料了，鸡因空腹饥饿而在鸡舍内来回转窜，当投料时，整个鸡群都争先恐后跳跃争食，从而引发鸡群的运动。这种运动，不仅能增强鸡的消化功能，而且有助于扩张骨架，使内脏容积扩大，长成胸部宽阔、肩膀高耸、脚爪十分有力的强壮体形。

（3）减少饲料消耗，降低饲养成本 鸡的限制饲养，可以理解为减少饲料喂量的一种饲养方式。据统计，肉用种鸡在10周龄时自由采食的采食量是每100只鸡每天10.4千克，个体体重达1.95千克；限喂的鸡群需到20周龄时体重才达到1.85千克，每100只鸡每天采食量只有9.2千克。累计20周的耗料量，自由采食的鸡每只为18千克，差不多是限制饲喂鸡群（耗料9.5千克左右）的2倍。所以，限制饲喂可以节省一半左右的饲料。

（4）减少腹脂沉积，降低产蛋期死亡率 限饲可以降低鸡体腹脂沉积量的20%～30%。能防止因过肥而在开产时发生难产、脱肛，产蛋中、后期可以预防脂肪肝综合征的发生。过肥的鸡在夏季耐热力差，容易引起中暑、死亡。试验资料表明，限制饲养不仅能使鸡的产蛋潜力得到充分的发挥，而且鸡的死亡率也可以减少一半左右。

(5)使鸡群在适当时期性成熟，并与体成熟同步 限饲可以使幼、中雏期间骨骼和各种脏器得到充分发育。在整个育成期间人为地控制鸡的生长发育，保持适当的体重，使之在适当的时期性成熟并与体成熟同步。肉用种鸡一般于24周龄左右见蛋，27～28周龄达50%产蛋率，30～32周龄进入产蛋高峰。见蛋不早于20～22周龄，不迟于27周龄。研究表明，限制饲养的母鸡，其活重和屠体脂肪重量要比自由采食的鸡低，但输卵管重量，不论绝对值还是占体重的百分比都有所增加，而且长度显著增加，同时这种母鸡在发育期间滤泡数增多，发育速度较快。所以，其后的产蛋量、蛋重均有提高，种蛋的合格率比不限饲的提高5%左右。

(6)提高鸡群的整齐度 有关材料表明，全群中个体的体重接近标准体重的越多，整群鸡的产蛋高峰就越高，高峰的持续时间就越长。限制饲养能通过控制鸡群的生长速度来控制体重，使绝大多数个体的体重控制在标准体重范围之内。一般要求鸡群的整齐度为：有75%～80%的鸡的体重分布在全群平均数±10%的范围之内(全群平均数在各种鸡公司均有各自标准体重的介绍)。这样的鸡群其开产日龄比较一致，产蛋率和蛋的合格率均高。群体体重整齐度与产蛋量的变异关系见表5-8。

表 5-8　体重整齐度与产蛋量的变异关系

符合全群标准体重平均数±10%的鸡数比率(%)	每只鸡每年产蛋量的差异(个)
79	+12
76	+8
73	+4
70	0(基础)
67	−4
64	−8
61	−12
58	−16
55	−20
52	−24

由表 5-8 可见,以 70%的鸡控制在标准体重范围之内为基础(0),整齐度每增减 3%,平均每只鸡每年产蛋量亦相应增减 4 个。所以,整齐度的增加可以增加产蛋量,而降低整齐度将减少产蛋量。

2. 如何进行限制饲养　限制饲养是通过有计划地控制鸡的日粮营养水平、采食量和采食时间,达到控制种鸡的生长发育,使之适时开产。具体办法如下。

(1)限时法　主要是通过控制鸡的采食时间来控制采食量,以此来达到控制体重、体形和性成熟的目标。

①每日限喂　每天喂给一定量的饲料和饮水,或规定饲喂次数和每次采食的时间。这种方法对鸡的应激较小。

②隔日限喂　即喂 1 天,停 1 天。把 2 天限喂的饲料量在 1 天中喂给。此法是较好的限喂方法,它可以降低竞争槽位的影响,从而得到符合目标体重、一致性较高的群体。如果每日喂给的饲料很快被吃完,仅仅是那些最霸道的鸡能吃饱,其余的鸡挨饿,结果整群鸡生长不一致。由于 1 次给予 2 天的限饲

量，所以无论是霸道鸡还是胆小的鸡，都有机会吃到饲料。例如，每天限喂量是 50 克，2 天的喂料量为 100 克，将此 100 克饲料在喂料日 1 次性投给，其余时间断料。

③*每周停喂 2 天*　即每周喂 5 天，停 2 天。一般是周日、周三停喂。喂料日的喂料量是将 1 周中限喂的饲料总量均衡地分作 5 天喂给(即将 1 天的限喂量乘 7 除以 5 即得)。

④*"四三"限喂法和"六一"限喂法*　前者是每周喂 4 天，停 3 天。这与"五二"限喂法一样，不能连续停喂 2 天以上，也就是说，1 周的安排应该是 1 天喂料与 1 天停料间隔进行，其喂料日的喂料量是将 1 周中限喂的饲料总量均衡地分作 4 天喂给(即将 1 天的喂料量乘 7 再除以 4 即得)。而"六一"限喂法就是每周喂 6 天，停喂 1 天，其喂料日的喂料量是将 1 天的喂料量乘 7 再除以 6 即得。

这些限饲方式都将引起应激，但其激烈程度不同。一般认为，隔日限喂的应激程度最激烈，以其为 100%计，其他限喂方式的应激程度相应为："四三"限喂法为 88%，"五二"限喂法为 70%，"六一"限喂法为 58.5%，而每日限喂法的应激程度仅为 50%。

高强度的限饲方式，只有在非常必要的阶段才采用。例如，肉用种鸡在 7～12 周龄期间是其整个育成期体重增加较快的时期，如果管理不当，就可能造成超重或大小不匀而影响群体的均匀度。因此，肉鸡公司一般都建议在 7～12 周龄期间采用隔日限喂方式或者是"四三"限喂法，这主要是依体重增长的控制强度而定。

(2)限质法　即限制饲料的营养水平。一般采用低能量、低蛋白质或同时降低能量、蛋白质含量以至赖氨酸的含量，达到限制鸡群生长发育的目的。在肉用种鸡的实际应用中，在限制日粮中的能量和蛋白质的供给量的同时，对其他的营养成分如维生素、常量元素和微量元素则应充分供给，以满足鸡体生长和各种器官发育的需要。

(3)**限量法** 规定鸡群每天、每周或某个阶段的饲料用量。肉用种鸡一般按自由采食量的60%～80%计算供给量。

大多数育种单位对肉用种鸡都实施综合限饲的程序，就是将各种限饲方法结合应用。表5-9，表5-10是A·A公司20世纪对其种公鸡和种母鸡的限饲量。

表5-9 A·A种公鸡体重和饲喂量

周龄	日龄	体重(千克)最低～最高	每天喂饲100只鸡的喂量		
			每日限饲的限喂量(千克)	综合限饲程序	
				喂量(千克)	程序编排
1	1～7		任食	任食	
2	8～14		任食	任食	
3	15～21		任食	任食	
4	22～28	0.544～0.599	5.8	5.8	每天限喂
5	29～35	0.681～0.749	6.9	6.9	每天限喂
6	36～42	0.817～0.898	7.5	7.5	每天限喂
7	43～49	0.944～1.039	7.7	15.4①	隔日限制饲喂
8	50～56	1.080～1.189	8.3	16.6	隔日限制饲喂
9	57～63	1.207～1.329	8.7	17.4	隔日限制饲喂
10	64～70	1.343～1.479	9.2	18.4	隔日限制饲喂
11	71～77	1.470～1.615	9.4	18.8	隔日限制饲喂
12	78～84	1.615～1.779	9.9	19.8	隔日限制饲喂
13	85～91	1.742～1.915	10.2	15.3②	喂2天饲料，停喂1天
14	92～98	1.887～2.078	10.6	15.9	喂2天饲料，停喂1天

续表 5-9

周龄	日龄	体重（千克）最低～最高	每天喂饲100只鸡的喂量		
			每日限饲的限喂量（千克）	综合限饲程序	
				喂量（千克）	程序编排
15	99～105	2.015～2.214	11.0	16.5	喂2天饲料，停喂1天
16	106～112	2.151～2.364	11.3	16.9	喂2天饲料，停喂1天
17	113～119	2.278～2.505	11.7	17.6	喂2天饲料，停喂1天
18	120～126	2.423～2.663	12.0	18.0	喂2天饲料，停喂1天
19	127～133	2.550～2.804	12.4	18.6	喂2天饲料，停喂1天
20	134～140	2.677～2.945	12.6	17.6③	喂5天，禁食周日、周三
21	141～147	2.813～3.094	13.0	18.2	喂5天，禁食周日、周三
22	148～154	2.949～3.244	13.3	18.7	喂5天，禁食周日、周三
23	155～161	3.085～3.394	13.6	19.0	喂5天，禁食周日、周三
24	162～168	3.212～3.534	13.9	13.9	每天限喂

注：①隔日限喂的喂料日饲料量＝每日限饲量×2，即 7.7×2＝15.4

②喂2天停1天的喂料日饲料量＝每日限饲量×3/2，即 10.2×3/2＝15.3

③喂5天禁2天的喂料日饲料量＝每日限饲量×7/5，即 12.6×7/5＝17.6

表 5-10　A·A 种母鸡体重和饲喂量

周龄	日龄	体重（千克）	每天喂饲100只鸡的喂量		
			每日限饲的喂量（千克）	综合限饲程序	
				喂量（千克）	程序编排
1	1～7		任食	任食	
2	8～14		任食	任食	
3	15～21		任食	任食	
4	22～28	0.454～0.499	4.9	4.9	每天限喂
5	29～35	0.554～0.617	5.6	5.6	每天限喂

续表 5-10

周龄	日龄	体重（千克）	每天喂饲 100 只鸡的喂量		
			每日限饲的喂量（千克）	综合限饲程序	
				喂量（千克）	程序编排
6	36～42	0.653～0.735	6.1	6.1	每天限喂
7	43～49	0.758～0.844	6.3	12.6①	隔日限制饲喂
8	50～56	0.858～0.953	6.6	13.2	隔日限制饲喂
9	57～63	0.957～1.062	6.9	13.8	隔日限制饲喂
10	64～70	1.062～1.171	7.2	14.4	隔日限制饲喂
11	71～77	1.162～1.279	7.4	14.8	隔日限制饲喂
12	78～84	1.261～1.388	7.7	11.6②	喂 2 天饲料，停喂 1 天
13	85～91	1.361～1.506	8.0	12.0	喂 2 天饲料，停喂 1 天
14	92～98	1.461～1.624	8.2	12.3	喂 2 天饲料，停喂 1 天
15	99～105	1.561～1.733	8.5	12.7	喂 2 天饲料，停喂 1 天
16	106～112	1.665～1.842	8.7	13.1	喂 2 天饲料，停喂 1 天
17	113～119	1.765～1.951	9.0	13.5	喂 2 天饲料，停喂 1 天
18	120～126	1.865～2.060	9.3	13.9	喂 2 天饲料，停喂 1 天
19	127～133	1.978～2.169	9.5	14.3	喂 2 天饲料，停喂 1 天
20	134～140	2.069～2.278	9.8	13.7③	喂 5 天，禁食周日、周三
21	141～147	2.169～2.396	10.0	14.0	喂 5 天，禁食周日、周三
22	148～154	2.269～2.505	10.3	14.4	喂 5 天，禁食周日、周三
23	155～161	2.368～2.613	11.0	15.4	喂 5 天，禁食周日、周三
24	162～168	2.473～2.722	12.0	12.0	每天限喂

注：①隔日限喂的喂料日饲料量＝每日限饲量×2，即 6.3×2＝12.6

②喂 2 天停 1 天的喂料日饲料量＝每日限饲量×3/2，即 7.7×3/2＝11.6

③喂 5 天禁 2 天的喂料日饲料量＝每日限饲量×7/5，即 9.8×7/5＝13.7

“综合限饲”一般 3～6 周龄采用每日限喂法，7～12 周龄采用“四三”限喂法，13～18 周龄采用“五二”限喂法，19～22 周龄采用“六一”限喂法，23～24 周龄采用每日限喂法。在生产中，要根据鸡舍设备条件、育成的目标和各种限饲方法的优缺点来选择限制饲养制度，防止产生“在满足营养需要的限度内，体重限制越严，生产性能越好”的片面认识。

3. 限制饲养的注意事项

第一，在应用限制饲喂程序时，应注意在任何一个喂料日，其喂料量均不可超过产蛋高峰期的料量。如1994～1995年版的A·A鸡父母代种鸡饲养指南中，其产蛋高峰期料量每只每天160克，那么，使用隔日饲喂法直至16周龄末时，其采食量约为每天每只152克，如果至17周龄还使用此法限饲，那么饲喂日的喂料量就要达到每天每只164克，超过了产蛋高峰期每天每只160克的料量。如自17周龄开始改用“五二”限喂法直到22周龄末时其饲喂日的料量达每天每只157克，而23周龄饲喂日的料量达到每天每只171克，所以，如采用此法限喂，其最后的极限期只能到22周龄末，之后应改用其他强度较弱的限饲方式。

第二，限制饲养一定要有足够的食槽、饮水器和合理的鸡舍面积，使每只鸡都能均等地采食、饮水和活动。

第三，限喂的主要目的是限制摄取能量饲料，而维生素、常量元素和微量元素要满足鸡的营养需要。如按照限量法进行饲养，饲喂量仅为自由采食鸡的80%。也就是说将所有的营养成分都限制了20%，如在此基础上再添加维生素，可以提高限制饲养的效果。因此，要根据实际情况，结合饲养标准确定限喂饲料量，否则，会造成不应有的损失。

第四，限制饲喂会引起过量饮水，容易弄湿垫料，可以采用限制供水的办法。在喂料日，从喂料前30分钟至1小时开始供水，直到饲料吃完后1～2小时持续供水；午前再供水1次，时间20～30分钟。下午供水2～3次，每次持续时间20～30分钟；最后1次可放在天黑前。停料日则在清晨和午前各供水1次，每次持续时间20～30分钟，下午供水与喂料日相同。在炎热季节或鸡群发生应激时应中止限水，而要加强鸡舍通风和松动、更换垫料。确定鸡群饮水量是否适宜，可触摸鸡的嗉囊，如嗉囊坚硬，是饮水不足的迹象。如限制饮水不当，往往会延迟性成熟而导致严重的后果。

第五，限制饲喂会引起饥饿应激，容易诱发恶癖，所以应在限饲前（在7～10日龄）对母鸡进行正确的断喙，公鸡还需断内趾及距。

第六，限制饲喂时，应密切注意鸡群健康状况。在患病、接种疫苗、转群等应激时，要酌量增加饲料或临时恢复自由采食，并要增喂维生素C和维生素E以抗应激。

第七，育成期公、母鸡最好分开饲养，有利于控制体重。

第八，停饲日不可喂砂砾。平养的育成鸡可按每周每100只鸡投放中等粒度的不溶性砂砾300克作垫料。

（二）肉用种鸡的体形控制

1. 现代肉用种鸡的体形概念 对肉用仔鸡只求生长快、体重大、耗料省的选择，因此在加快了肉用仔鸡生长速度的同时，也形成了其亲本的快速生长和沉积脂肪的能力，在自由采食的条件下，8～9周龄的肉用种鸡即达成年体重的80%，并由此会带来以下不良后果：性成熟早；种蛋合格率降低；产蛋率上升缓慢而下降快，达不到应有的产蛋高峰，利用时间缩短；种用期间死亡、淘汰率增高等。

试验表明，鸡体达到性成熟是一个很独特的过程。对优良种鸡的培育，要求在鸡只生长的前几周使骨骼组织和肌肉、内脏等软组织优先生长，而在14周龄后应逐步促进鸡只的睾丸、输卵管和卵泡的生长，以至达到性成熟。因此，要特别强调的是，种鸡从育雏到育成时期，是用它的骨骼发育程度和体重增长的幅度来衡量其发育程度的，而不是达到了一定体重就算性成熟了。所以，既要抓体重的均匀度，又要抓体形的均匀度，目的是达到发育整齐、性成熟一致，促使产蛋高峰的突出。

于是，为了获取高产的母鸡群，对母雏要控制其具有适当的骨架。若控制不当而形成了大骨架，种鸡群不仅开产期推迟，产蛋高峰低，而且消耗饲料也多。对于公雏，则要求它有较长的胫骨，至8周龄时至少要有100毫米的高度。成年公鸡的胫骨长度要达到140毫米以上。否则，即使体重已符合标准也不能入选。为此，在育雏的早期，均采用含18%蛋白质的饲料。母雏比公雏要控制得更严格些。为了使母雏达到4周龄时有一个较小的体重，限饲不得晚于2周龄末，当每只每天消耗料量达27克时即开始每日限饲，累计吃进75克蛋白质（相当于420克含18%蛋白质的饲料）后，就应将育雏料更换成含15%蛋白质的育成料，并限制饲喂，主要是控制其骨架生长，不至于形成大骨架。公雏则要求累计吃进180克蛋白质（相当于1 000克含18%蛋白质的饲料）后才改用育成料，因为太早更换育雏料会影响公雏胫骨生长。

在育成前期（7～12周龄）采用隔日限喂或“四三”法限饲，严格控制快速生长期的生长速度，使体重比标准要求的低些，但胫骨长度要达到或超过标准。到16～23周龄期间，又要保证鸡只每周得到130～160克增重的充分发育（满足该时期生殖系统的充分发育）。鸡只只有在此期间获得了充分发育，才可能对光刺激做出最佳反应，也就是说，在体成熟到来时也相应地达到了性成熟。这种对不同时期生长发育加以控制所形成的“生长曲线”，才是符合培育优秀种鸡的现代的鸡种概念。

2. 理想的肉用种鸡群体重 为培育一个体重不过重、体形不过大、产蛋较多的种鸡群，以实现种鸡的优良繁殖性能，应掌握以下的必要条件。

一是群体的平均体重应与种鸡的标准体重（各种鸡供应单位都有资料介绍）相符，个体差异最多不超过标准体重上下10%的范围。

二是体重整齐度应在75%以上，即全群有75%以上的个体重量处在标准体重上下10%的范围内。

三是各周龄增重速度均衡适宜。

四是无特定传染性疾病，鸡群发育良好。

为了达到上述要求，应在满足鸡对营养需要的情况下，人为地采用限制饲喂和光照技术等，有效地控制性成熟和体重，适当推迟开产日龄，这也是提高产蛋量和受精率的基本措施。

3. 控制体重与调整喂料量

（1）体重标准 好的肉用种鸡是在适当时期经过减缓生长速度而得到的。每个鸡种都有一个标准的"生长曲线"，而且同一鸡种随着选育世代的遗传进展，其"生长曲线"也在变化，但最终目的都是要使种母鸡在开产时具有坚实的骨骼、发达的肌肉、沉积很少的脂肪和充分发育的生殖系统。达到这个目的的最好办法是按"生长曲线"的要求控制体重，换句话说是控制生长速度，实质是在限制采食量的基础上调整喂料量。控制生长速度的惟一办法是在生长期有规律地取样和个体称重，并且将实际的平均体重与推荐的目标体重逐周地相比较，这种对比是决定饲喂量的惟一的依据。为此，各育种单位都制定了各自鸡种在正常条件下，各周龄的推荐料量和标准体重。表5-11是某公司有关种鸡的目标体重和饲料推荐量。

表 5-11　罗斯种鸡目标体重及饲料推荐量

周龄	公鸡			母鸡
	体重(克)	日　龄	每只每日饲料量(克)	体重(克)
1	108	1～11	任食至 24 克	108
2	195	12～13	25	195
3	295	14～15	26	295
4	410	16～17	27	405
5	545	18～19	28	505
6	690	20～21	29	605
7	840	22～23	32	705
8	990	24～26	35	805
9	1140	27～29	38	905
10	1290	30～32	40	995
11	1445	33～35	42	1085
12	1580	36～38	44	1175
13	1700	39～43	48	1255
14	1820	44～49	53	1335
15	1930	50～56	58	1420
16	2025	57～63	64	1525
17	2120	64～70	70	1640
18	2205	71～77	76	1760
19	2285	78～84	80	1880
20	2360	85～126	82	2005
21	2435	127～140	85	2130
22	2510	141～154	93	2260

母鸡 日　龄	母鸡 每只每日饲料量(克)
1～7	任食至 22 克
8～9	23
10～11	24
12～13	25
14～15	26
16～17	28
18～19	30
20～21	32
22～24	34
25～27	36
28～30	38
31～33	40
34～36	42
37～39	44
40～42	46
43～45	48
46～49	50
50～56	52
57～63	54
64～70	56
71～77	58
78～84	58
85～91	58
92～98	58
99～105	58
106～112	65
113～119	67
120～126	73
127～133	80
134～140	85
141～147	94
148～154	105

注:表中饲料量是日粮能量为 11.51 兆焦/千克时的进食量

(2)称重与记录　饲料量的调整和体重控制的依据是称重。称重的时间一般是从 4 周龄起直到产蛋高峰前,每周 1 次,在同一天的相同时间进行空腹称重。每日限喂的,在下午称重;隔日限喂的,在停喂日称重。称重的数量,一般随机取样检查鸡群鸡数的 5%,但不得少于 50 只。可用围栏在每圈鸡的中央随机圈鸡。被圈中的鸡,不论多少,均须逐只称重并记录。逐只称重的目的是在求得全群鸡的平均体重后，计算在此平均体重±10%的范围内的鸡数。同一鸡群的体重分级，应采用同一标准，否则，由此计算而得到的整齐度出入较大。例如，以每5克为一个等级的整齐度为68%时，当按10克为一个等级计算时，其整齐度为70%，20克时为73%，45克时已上升到78%。所以，称重用的衡器最小感量要在20克以下。肉用种鸡育成后期，有75%以上的鸡处在此范围之内的，就可以认为该鸡群整齐度是好的。各种鸡公司的要求略有出入，表5-12是塔特姆种鸡各时期整齐度的标准。

表5-12 塔特姆种鸡各时期整齐度标准

周　龄	体重在平均体重±10%范围内的鸡只百分数
4～6	80～85
7～11	75～80
12～15	75～80
20以上	80～85

其计算的办法如下：

$$平均重(\overline{X})=\frac{累加所称个体的体重(\Sigma X)}{称重的鸡数(n)}$$

范围($\overline{X}\pm\overline{X}10\%$)$=\overline{X}+\overline{X}10\%\sim\overline{X}-\overline{X}10\%$(平均重+平均重×10/100～平均重－平均重×10/100)

$$鸡群整齐度=\frac{处在平均体重\pm10\%范围内的鸡数}{样本称重的鸡数(n)}\times100\%$$

体重的记录可参照表5-13式样。

表5-13　体重记录表

鸡　场	品　种	鸡舍号	间　号	性　别	日　龄	日　期

称重的鸡数	平均重	指标体重	整齐度（处在平均重±10%范围内的鸡数占全群%）

重量（克）	鸡　数	重量（克）	鸡　数
00		80	
20		00	
40		20	
60		40	
80		60	
00		80	
20		00	
40		20	
60		40	
……			

（3）喂料量的调整　在实际饲养中，由于鸡舍、营养、管理、气候和鸡群状况的影响，各周的实际喂料量是根据当周的称重结果与该周龄鸡的标准体重对比，然后根据符合体重标准、超重或不足的程度，在下周推荐料量的基础上，进行增减或维持原定的饲料量，按此方法逐周确定下周的喂料量，使体重控制在标准范围之内。

当体重超过当周标准时，下周喂量只能继续维持上周的喂料量，而不能增加饲料量，或只减少下周所要增加的部分饲料量。例如，原来鸡隔日饲喂100克饲料，现在体重超过标准10%，则下周仍保持100克的喂料量；如果鸡超过标准体重

4%～5%，那么下周仅增加 2 克饲料量，直至鸡群体重控制到标准体重范围之内为止。千万不可用减少喂料量来减轻体重。对育成后期体重稍大的种鸡，切勿为了迎合标准体重而过多地限制增重，否则形成的“大瘦鸡”会使性成熟受阻。所以，正确的生长模式要比正确的开产体重更重要。

如果体重低于当周标准，在确定下周喂料量时，要在原有喂料量的标准基础上适当增加饲料量，以加快生长，使鸡群的平均体重渐渐上升到标准要求。通常情况下，平均体重比标准体重低 1%时，喂料量在原有标准量的基础上增加 1%。由于饲料的增加不会在体重上有即刻的反应，但其延续效应是会反映出来的，因此 1 次不可增加太多，可按每 100 只鸡增加 0.5 千克的比率在 1 周内分 2～3 次进行调整。否则就有可能育成“小壮鸡”。

(4)提高鸡群的整齐度　理论和实践都证明，个体重明显低于平均体重者，由于产蛋高峰前营养贮备不足，所以到达高峰的时间延迟，将影响群体产蛋高峰的形成，并在高峰后产蛋率迅速下降，蛋重偏小，且合格率低，开产日龄比接近标准体重的鸡要推迟 1～4 周，饲料转化率低，易感染疾病，死亡率高。所以，为提高群体整齐度，必须减少群体中较轻体重的个体数，这可从以下几方面着手：

①封闭式育雏　采用封闭式育雏，使鸡群不发病或少发病。因为鸡群一旦感染疾病，轻则导致个体大小不一，重则死亡。因此，严格卫生防疫制度和实施科学的免疫程序，是提高鸡群整齐度的保证。

②保证良好的饲养环境　饲养环境要符合限喂要求，如光照强度和时间、温度及通风等，尤其是饲养密度、饮水器和食槽长度都应满足鸡能同时采食或饮水的需要(表 5-14)。否

则，强者霸道多吃，体重则越大，弱者越少吃，体重则越小，难以达到群体发育一致的要求。

表 5-14　限饲时的饲养密度与食槽、水槽条件

类型		饲养密度		采食槽位		饮水槽位			
		垫料平养（只/米²）	1/3 垫料 2/3 栅网（只/米²）	长食槽单侧（厘米/只）	料桶（直径 40 厘米，个/100 只）	长水槽（厘米/只）	乳头饮水器（个/100 只）	饮水杯（个/100 只）	圆饮水器（直径 35 厘米，个/100 只）
种母鸡	矮小型	4.8～6.3	5.3～7.5	12.5	6	2.2	11	8	1.3
	普通型	3.6～5.4	4.7～6.1	15.0	8	2.5	12	9	1.6
种公鸡		2.7	3.0～5.4	21.0	16	3.2	13	10	2.0

③等量均匀布饲　按限饲程序要求提供的饲料量，要在最短的时间内，给所有的鸡提供等量、分布均匀的饲料。试验资料表明，最多应在 15 分钟内喂完饲料，这对鸡群整齐度和生长性能的影响不显著，在实际生产中也是可行的。

④分类饲养　在限饲前，对所有鸡逐只称重，按体重大、中、小分群饲养，并在育成期的 6 周龄、12 周龄、16 周龄时对种鸡进行全群称重，并按个体大小作调整，将体弱和体重轻的鸡挑出单独饲喂，减轻限喂程度，或适当加强营养。对体重过轻的鸡，不能一次加料过多，以免在短时间内体重达标而形成“小壮鸡”，影响生殖器官发育。

对转群前体重整齐度仍差的鸡群，应在转进产蛋鸡舍时按体重大、中、小分级饲养，对体重大的应适当控制喂量，对体重小的则适当增加喂量，这对提高性成熟的整齐度有一定的效果。

⑤**公母分饲**　由于公、母鸡采食速度、料量以及体形要求不同，公、母鸡应分开饲养，这无论对母鸡还是公鸡，都有利于整齐度的提高。

4. 体重控制的阶段目标与开产日龄的控制　现代培育优秀种鸡的观念，是建立在肉鸡个体生长发育规律的基础之上的。为了获取高产的母鸡群，应按照鸡体生长发育的不同时期分别采用不同的方式培育。在雏鸡阶段，要促使其骨骼、肌肉及消化器官的健全生长；在育成前期，要控制体重的快速增长和过多脂肪的积聚；在16周龄时生殖系统已开始发育，要促进性腺的发育和鸡体体重的增长。为此，在各时期应分别采用含量不同的蛋白质和能量饲料（雏鸡料、生长期料和种鸡料）并限饲（每日限喂及隔日限喂）等综合措施，增加运动，扩张骨架和内脏容积，以促进鸡体的平衡发展。由此而形成的"生长曲线"，在不同的鸡种和不同的选育年代是不完全一样的（图5-2）。

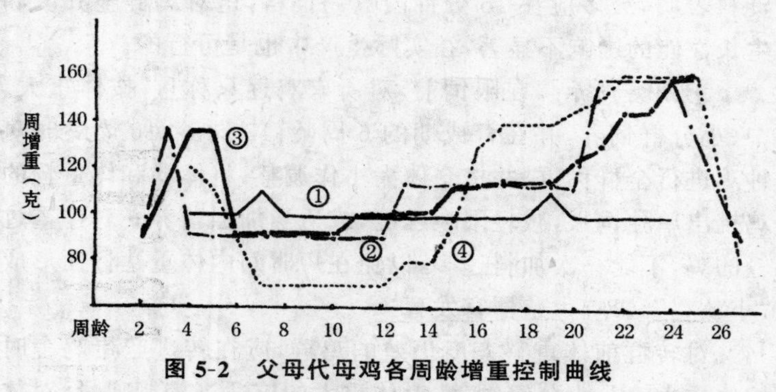

图5-2　父母代母鸡各周龄增重控制曲线

①"A·A"20世纪80年代饲喂指南　②"A·A"1994～1995年版饲喂指南　③"艾维茵"饲喂标准，《中国家禽》1998年第4期第18页　④引自《中国家禽》1997年第3期第34页

从图 5-2 曲线的波形上可以看到，各鸡种的控制程度是不一样的。当然，对产蛋性能可能有些影响，但尽管如此，为使后备肉用种鸡达到体重的最终控制目标，在育成阶段都必须按照其生长发育的状况分阶段进行调控，控制增重速率与整齐度，以保证其身体生长与性成熟达到同步发展。

(1)体重的阶段控制目标　从育雏开始，首先要根据雏鸡初生重和强弱情况将鸡群分群饲养，促使雏鸡在早期尽量消除因种蛋大小、初生重的差异等对雏鸡体重整齐度所造成的影响。正确的开食方法参见肉用仔鸡有关章节。

①1～3 周　此阶段要求鸡体充分生长，以促进骨骼生长和健壮的体质以及完善的消化功能，为限制饲喂、控制体重做准备。所以，此阶段采用雏鸡料，在 1～2 周内自由采食，当母雏每日耗料达 27 克时开始每日限饲，累计耗料达 450 克(约 75 克蛋白质)左右时应改用育成料。

②4～6 周　此阶段对所有的鸡逐只称重，4 周龄末母雏胫长应达 64 毫米以上，6 周龄时按体重大、中、小分群。可采用每日限饲方法抑制其快速生长的趋势。

③7～12 周　此时期鸡体消化功能健全，饲料利用率高，只要增加少量饲料也能获得较大的增重。为使其骨骼发育健全，减少脂肪沉积，采用隔日限喂或“四三”法限喂生长期料，严格控制生长速度，使其体重沿着标准生长曲线(各种鸡公司有资料介绍)的下限上升直到 15 周龄。12 周龄时再次按体重大小调整鸡群，促进鸡群的整齐度。最近有研究证明，以 7～15 周龄的限饲程序能提高鸡群的繁殖性能。

④16～23 周　此期骨骼生长已基本完成，且具备了健壮的肌肉和内脏器官。16 周龄时再次按体重大小调整鸡群，促进鸡群的整齐度。自 16 周龄起，鸡的性腺开始发育，18 周龄

以后卵泡大量、快速生长，输卵管迅速变粗、变长，重量迅速增加，限喂方法可改为“五二”法。自18周龄起，可将育成料改为含蛋白质达18%左右的预产料，以增加营养，满足该时期生长发育的需要。一般情况下，在22周龄或23周龄开始时更换成平衡的种鸡产蛋料。自19～22周龄可逐步用“六一”法限喂，自23周龄后过渡到每日限喂，以保证鸡只在此期间达到每周增重130～160克，得以充分发育。只有获得了充分发育的鸡只，才可能对光刺激做出最佳的反应。

19周龄：即在开产前4周(23周龄时产蛋率为5%)第一次增加光照。在生产中，解决光照是对种鸡性成熟影响最为有效的办法，是使用光控的密闭鸡舍或遮黑鸡舍。如在4～18周龄期间给予恒定光照8小时，光照强度采用15瓦灯泡，在19周龄后光照时间延长到14小时，灯泡换成60瓦，此时，光照强度的突然增加，光照时数也从8小时增至14小时。这种突然的光照刺激可促使种鸡产生积极的反应，使其生殖系统快速发育而达到成熟。此阶段要使开产母鸡在产蛋前具备良好的体质和生理状况，为适时开产和迅速达到产蛋高峰创造条件。所以，从18周龄起改生长期饲料为预产期饲料。如此时体重没有达标，则将于23周龄时才实施的每日限喂计划提前进行，并在维持原有目标体重的饲料配给量的基础上再作适度增加，并将光照刺激延迟到22～23周龄。

⑤使体成熟与性成熟同步　一般根据19周龄、20周龄的体重状况与推荐的标准生长曲线相对照比较，预测其产蛋达5%的周龄时体重能否达2 400克(罗斯种鸡)或2 470～2 650克(星波罗种鸡)。各公司均有达5%产蛋率周龄时的标准体重指标，根据其达标情况，分别按标准饲喂量或增加饲喂量，或修正开产日龄进行调整，使之体成熟与性成熟达到同步

（修正方法见本章“肉用种鸡饲养方法举例”有关内容）。一般体成熟的标志，一是体重已达标准，二是触摸其胸部已由原来的“V”形变为“U”形，性征的成熟表现为冠变红和耻骨张开达三指宽。

⑥24～40 周　罗斯公司在此期间的加料方法是，依据 20 周龄体重的整齐度决定产蛋高峰前增加饲料的时期和数量（表 5-15）。

表 5-15　罗斯公司 23～40 周龄鸡的加料方法

20 周龄时体重的变异系数	首次加料的时间及数量	达 35%产蛋率后 1 天起加料的数量	达 65%产蛋率后 1 天起加料的数量
<8%	达 5%产蛋率后 1 天增加饲料 15%～20%	10%	165 克（11.51 兆焦/千克）
9%～12%	达 10%产蛋率后 1 天增加饲料 15%～20%	10%	165 克
>12%	达 15%产蛋率后 1 天增加饲料 15%～20%	10%	165 克

也有些公司认为，由于在产蛋初期的 3～4 周内，产蛋量及蛋重均快速增长，所以饲喂量的增加幅度较大，一般在每只 10 克左右，当接近产蛋高峰（30～31 周）时，每只鸡增加饲料量在 5 克左右。

还有人认为，喂料量的增加应早于产蛋率的增长，当鸡群产蛋率达 30%～40%时，就应该喂给高峰期的料量。如“A·A”父母代种鸡 27 周龄产蛋率达 38%时，此时的饲料量已采用产蛋高峰期的 160 克料量。

为发挥种母鸡的产蛋潜力和减少鸡体内脂肪沉积，如发现产蛋率的爬升不如所预期的百分率，或产蛋率已达高峰，为试探产蛋率有无潜力再爬升，一般采用试探性地增加饲喂量，即按每只鸡增加 5 克左右的饲料进行试探，到第四至六天观察产蛋率变化情况。若无增加，则将饲料量逐渐恢复到试探前的水平；若有上升趋势，则在此基础上再增加饲料进行试探。

⑦40～62 周　一般情况下，40 周龄以后日产蛋率大约每周下降 1%，这时母鸡所必需的体重增长已得到最大的满足，进一步的增重将造成不必要的脂肪沉积，最终导致产蛋量及受精率的迅速下降。为此，日饲料量可逐渐削减，大致是在 40 周龄后，产蛋率每下降 1%，每只鸡减少饲料量 0.6 克。千万不能过快地大幅度减料，每只鸡每次减料量不能多于 2.3 克。需要时，可从 45～50 周开始改用产蛋Ⅱ期饲料。

合理地安排饲料量，是鸡群夺取高产的关键，因此在产蛋期及产蛋高峰后，要坚持每周称重，应参照种鸡手册要求的均衡增长，根据产蛋趋势和体重情况，酌情增减饲料，避免鸡群体重失衡。

以上时间区段的划分，在各育种公司限饲资料中并不完全一致，但相对时间范围内控制程度的规律基本相似。了解了这种基于肉鸡生长规律曲线而采用的控制手段，将使生产者在使用各育种公司提供的限喂顺序安排时，可运用自如。

(2)喂料控制开产日龄的方法　控制体重能明显地推迟性成熟，提高生产性能，而光照刺激却能提早开产，所以两者都可以控制鸡群的开产日龄。一般认为，冬、春雏因育成后期光照渐增，体重要控制得严些，可以适当推迟开产日龄；夏、秋雏在育成后期光照渐减，体重控制得要宽些，这样可以提早开产。

对 20 周龄时体重尚未达到标准的鸡群，应适当多加一些饲料促进生长，并推迟增加光照的日期，使产蛋率达 5%时，该周龄的体重达到2 400克以上(此体重应按各育种公司提供的5%产蛋率周龄时的体重要求)。如果到23周龄时,体重已达2400克,但仍未见蛋,这时应增加喂料量3%～5%,并结合光照刺激促其开产。如果在24周龄仍然未见蛋或达不到5%产蛋率,则再增加喂料量3%～5%。

(三)肉用种鸡的光照控制技术

1. 种鸡的生长发育与光照　对肉用种鸡控制饲养的另一个重要手段是控制光照。利用光照可以调节种鸡性成熟的快慢。在产蛋期正确使用光照,可促进脑下垂体前叶的活动,加速卵泡生长和成熟,提高产蛋量。所以,采用人工控制光照或补充光照,严格执行各种光照制度是保证高产的重要技术措施。

光照从两个方面对鸡发生影响:

一是"质":也就是光照度。据观察,光照度过强不仅对鸡的生长有抑制作用,而且会引发诸如啄肛、啄羽、啄趾等恶癖的出现;而过低的光照度将影响饲养管理操作。一般来说,鸡能在不到2.7勒的光照度下找到食槽并吃食,但要达到刺激垂体和增加产蛋量则需要5～10勒。这样的光照度是适宜的,可以防止生长期间恶癖的产生。在人工补光的情况下,补光的光照度不应小于自然光照度的1%。这是因为,鸡对"补充光照"的光照度小于原有光照的1%时,仍会感觉处于黑暗状态。如果白天的光照度是3 000勒,那么,补光的光照度应为自然光照度的1%以上,即30勒以上,否则鸡将不会感觉到光照而不能引发刺激作用。这也是不少开放式鸡舍因白天光照度过强,补充的光照度又没有超过白天光照度的1%,因而造成肉用种鸡开产推迟。弄清楚了这个道理,这类问题就可以迎刃而解了。一是可以在向阳面进行适当遮光,以减弱白天的光照度;二是补光的光照度一定要达到能引起刺激的程度。种鸡各阶段所需的光照度见表 5-16。

表 5-16 种鸡各阶段所需的光照度及相应的灯泡瓦数

周　龄	光照度(勒)	灯泡瓦数
1～3	20	40
4～19	5～8	15～25
20～66	30～50	60

二是"量":也就是光照时间的长短及其变化。据研究,产蛋母鸡在一天中对光照刺激有一个"敏感时期"。该时期是在开始给光后(自然光照即为拂晓后)的11～16小时内出现(图 5-3)。所以,关键是每天光照的时间长度是否能延伸到所谓的"对光敏感的时间区"内。假如自然光照(白天)时间能伸展到这一"对光敏感的时间区"内,或能在这段时间内继续使用一段时间的人工补充光照,那么鸡的脑垂体分泌的激素就会被激活,性发育就会出现。在北半球,夏至的白天时间最长,平均为 15 小时;冬至的白天时间最短,平均为 9 小时。由此可知,由于冬至的白天时间短,如果不给予人工

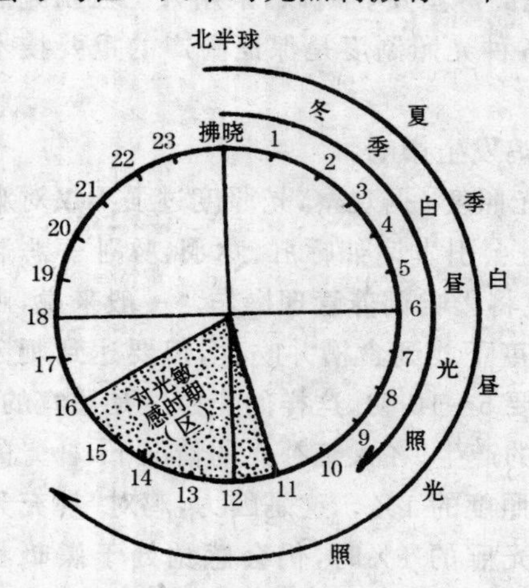

图 5-3 鸡的光照及其对光敏感时间区

补充，它的自然光照时间不能进入"对光敏感的时间区"内。所以，冬至期间处在育成后期转向产蛋期的后备种鸡，其开产日龄（性成熟）必然推迟。激活鸡的脑下垂体分泌激素的最佳光照时间长度要求是11～12小时。一般称11～12小时的光照时间长度是育成期的临界值。所以，在育成期的光照必须少于11～12小时。为充分发挥种鸡的产蛋性能，其连续照明时间以采用14～16小时为好。以人工补光的效果而论，早、晚两头补光效果较好。需要注意的是，产蛋期间的补光，不能若明若暗，忽补忽停，更不能减少，时间的变换也应每周逐步延长20～40分钟，不能一下子就改变，否则会引发产蛋母鸡的脱肛疾患。所以，照明时间的变化（由长到短，由短到长）比照明时间（稳定）的长短更显得突出。

2. 种鸡的光照制度 种鸡的光照制度，是具体规定鸡群在其整个生命期间或在某一个时期，光照时间的长度及其变化。

（1）通常采用的光照方法

①*饲养在开放式鸡舍的鸡群* 鸡群处在自然光照的条件下，由于季节性的变化，日照时间长短不同，要根据当地日照时间的长短来掌握。我国处在北半球，绝大多数地区位于北纬20°～45°之间，冬至（12月22日前后）日照时间最短，以后又逐渐延长；到夏至（6月22日前后）日照时间最长，以后又逐渐缩短。在这种日照状况下，开放式鸡舍可采用以下的采光方法。

a. 完全利用自然光照 目前，农户养鸡大多为开放式鸡舍，历来又有养春雏的习惯，一般春夏季（4～8月份）孵出的雏鸡，在其生长后期正处在日照逐渐缩短或日照较短的时期，在产蛋之前所需要的光照时间长短与当时的自然光照时间长短差不多，所以一般农户养鸡在此期间采用日光光照，不增加人工光照，既省事，又省电。但是，控制性成熟和开产期，除了光照管理外，还应配合限制饲喂。

b. 补充人工光照　秋冬雏（9 月份至翌年 3 月份）生长后期正处在日照逐渐延长，或日照时间较长的时期。在此期间育雏，如完全利用自然光照，通常会刺激母雏性器官加速发育，使之早熟、早衰。为防止这种情况发生，可采用以下两种办法予以人工光照补足。

一是恒定光照法：将自然光照逐渐延长的状况转变为稳定的较长光照时间。从孵化出壳之日算起，根据当地日出、日落的时间，查出 18 周龄时的日照时数（如为 11 小时），除了 1～3 日龄为 24 小时光照外，从 4 日龄开始到 18 周龄均以此为标准，日照不足部分均用人工补充光照。补充光照应早、晚并用。恒定光照时间为 11 小时，即早上 6 时 30 分开灯，到日出为止；下午从日落开始，到下午 5 时 30 分关灯。采用此方法的，要注意在生长期中每日光照时数决不能减少，更不能增加。

二是渐减光照法：首先算出鸡群在 18 周龄时最长的日照时间，再补充人工光照，使总的光照时间更长，再逐渐减少。如从孵化出壳之日算起，根据当地气象资料查出 18 周龄时的日照时数为 15 小时，再加上 4.5 个小时人工光照为其 4 日龄时总的光照时数（自然光照为 15 小时，再加 4.5 小时人工光照，总计光照时数为 19.5 个小时），除 1～3 日龄为 24 小时光照外，从第一周龄起，每周递减光照时间 15 分钟，直至 18 周龄时，正好减去 4.5 小时，为当时的自然光照时间——15 小时。

②饲养在密闭式鸡舍的鸡群　由于密闭式鸡舍完全采用

人工光照，光照时间和光照度可以人为控制，完全可按照规定的制度正确地执行。

一是采用恒定的光照方法：即1～3日龄光照为24小时，4～7日龄为14小时，8～14日龄为10小时，自15日龄起到18周龄光照时间恒定为8小时。

二是采用渐减的光照方法：即1～3日龄光照为24小时，4～7日龄为14小时，从2周龄开始每周递减20分钟，直到18周龄时光照时间为8小时20分钟。

③不同光照方法对性成熟的影响　试验表明，在生长期间，同一品种在相同的饲养管理条件下，仅由于光照方法的不同，就会影响其性成熟程度。

渐减法比恒定法更能延缓性成熟期，约可推迟10天左右，其他各种经济指标都好于恒定法。渐减法的最少光照时间以不少于6小时为限。

恒定法的照明时间越长，性成熟越早，通常以8小时为宜。

对推迟性成熟的程度依次为：渐减法大于恒定法（光照时间短的大于光照时间长的），而恒定法大于自然光照。

（2）生长期的光照管理

①目的　该阶段光照管理的主要目的是，用自然光照与人工光照来控制新母鸡的生长发育，防止母雏过早性成熟。一般情况下，母雏长到10周龄后，如光照时间较长，会刺激性器官加速发育，使之早熟，开产时蛋重小，常因体成熟不够而产蛋持续性差，在开产后不久又停产，种蛋合格率低。此阶段调节性成熟的光照因素，主要是光照时间的长短及其变化。在生长期光照时间逐渐减少，或光照时间短于11小时，更有的恒定给予8小时光照，可使性成熟推迟。在此期间光照时间延长，或光照时间多于11小时，将刺激性成熟，使性成熟提早。

②光照的原则　在此期间光照时间宜短，中途不宜逐渐延长；光照度宜弱，不可逐渐增强。

(3)产蛋期的光照管理

①目的　此阶段光照管理的主要目的是给以适当的光照，使母鸡适时开产和充分发挥产蛋潜力。

②光照的原则　产蛋期间的光照时间宜长，可逐渐延长，一般以14～16小时为限，中途切不可缩短。光照度在一定时期内可渐强，但不可渐弱。

(4)生长-产蛋期的联合光照程序　实践证明，在生长期光照合理，产蛋期光照渐增或不变，光照时间不少于14小时的鸡群，其产蛋效果较好。从生长期的光照控制转向产蛋期的光照，应注意以下两个方面：

①改变光照方式的周龄　鸡到性成熟时，为适应产蛋的需要，光照时间的长度必须适当增加。有人认为，如估计母鸡在23周龄时产蛋率为5%，那么应该在母鸡开产前4周，即应以23周减4周，在19周龄时进行第一次较大幅度的增加光照。

②产蛋期光照方式的转变　必须从生长期的光照方式正确地转变成产蛋期的光照方式，这样才能达到稳产、高产的目的。产蛋期的光照时间必须在产蛋光照临界值(11～12小时)以上，最低应达到13小时。其趋势是从增加光照时间以后，应逐渐达到正常产蛋的光照时间14～16小时后恒定。光照最长的时间(如16小时)以在产蛋高峰(一般在30～32周龄)前1周达到为好。

利用自然光照的鸡群，在产蛋期都需要人工光照来补充日照时间的不足。但从生长期光照时间向产蛋期光照时间转变时，要根据当地情况逐步过渡。春夏雏的生长后期处于自然光照较短时期，可逐周递增，补加人工光照0.5～1小时，至产蛋高峰周龄前1周达16小时为好。对于生长期恒定光照在14～15小时的鸡群，到产蛋期时可恒定在此水平上不动，也可少量渐增到16小时光照为止。在生长期采用渐减光照法和恒定光照时间短（如8小时）的鸡群，在产蛋期应用渐增光照法，使母鸡对光照刺激有一个逐渐适应的过程，这对种鸡的健康和产蛋都是有利的。递增的光照时间可以这样计算：从渐增光照开始周龄起到产蛋高峰前1周为止的周龄数，除以递增到14～16小时的光照时间递增总时数，其商数即为在此期间每周递增的光照时间数。

至于生长期饲养在密闭鸡舍的鸡群，可计算从生长后期改变光照时的周龄到产蛋高峰周龄前1周的周龄数，除以改变光照时的起始光照小时到14～16小时的增加光照时数，其商数即为此期间每周递增的光照时数。如到18周龄时光照时数为8小时，到达产蛋高峰前1周的周龄为29周，此时的光照时数要求达到16小时，其间的周龄数为11周，所增加的光照时数为16－8＝8小时，每周递增的光照时间应为（8小时×60分/小时÷11周）40～45分钟，可在29周龄时达到光照16小时的目标。

3. 肉用种鸡光照程序举例 在鸡的饲养管理上，光照管理已是一个不可缺少的重要组成部分。若程序和管理失误，对鸡产蛋期的生产性能和种用价值都有较大的不利影响，甚至会导致经济亏损。在实际养鸡时，由于鸡的品种不同、育成期所处的季节不同以及饲养方式的不同，在供种单位没有具体的光照程序时，应灵活运用各种人工光照方法来调节鸡的性成熟日龄。但不管采用哪种方式，都必须遵循以下光照原则：①育成期间或至少在其后期，每天总的光照长度决不可延长，如 3 月份出雏的鸡，在育成期前半期内每天日照时间为逐日增加，但在后半期则逐日减少，所以它也可以全靠自然光照育成；②在产蛋期，每天总的光照时间决不可缩短。

在制定光照程序时，必须通过当地的气象部门了解全年日出日落的时间。北纬 35°～60°之间全年日照时数见表 5-17。

表 5-17　北纬 35°～60°日照时间长度　（小时．分）

周数	日期	60°～55°	55°～50°	50°～45°	45°～40°	40°～35°
1	1 月 4 日	6.40	8.00	8.30	9.10	9.40
2	1 月 11 日	6.50	8.10	8.40	9.20	9.40
3	1 月 18 日	7.20	8.20	8.50	9.30	10.00
4	1 月 25 日	7.50	8.40	9.10	9.40	10.10
5	2 月 1 日	8.20	9.00	9.30	10.00	10.20
6	2 月 8 日	9.00	9.30	10.00	10.10	10.30
7	2 月 15 日	9.20	10.00	10.20	10.30	10.40
8	2 月 22 日	9.50	10.20	10.40	10.50	11.00
9	3 月 1 日	10.40	10.50	11.00	11.10	11.20
10	3 月 8 日	11.20	11.20	11.30	11.30	11.40
11	3 月 15 日	12.00	11.50	11.50	11.50	12.00
12	3 月 22 日	12.20	12.20	12.10	12.10	12.10
13	3 月 29 日	13.00	12.40	12.40	12.30	12.30
14	4 月 5 日	13.50	13.10	13.00	12.50	12.50
15	4 月 12 日	14.10	13.40	13.20	13.20	13.00
16	4 月 19 日	14.50	14.20	13.40	13.30	13.20
17	4 月 26 日	15.10	14.30	14.00	13.50	13.50
18	5 月 3 日	15.40	15.00	14.30	14.20	13.50
19	5 月 10 日	16.20	15.20	14.50	14.20	14.00
20	5 月 17 日	16.30	15.50	15.10	14.40	14.00
21	5 月 24 日	17.20	16.10	15.30	15.00	14.20

续表 5-17

周数	日期	60°～55°	55°～50°	50°～45°	45°～40°	40°～35°
22	5月31日	17.40	16.20	15.30	15.10	14.30
23	6月7日	18.00	16.30	15.40	15.10	14.40
24	6月14日	18.10	16.40	15.40	15.20	14.40
25	6月21日	18.10	16.40	15.50	15.20	14.40
26	6月28日	18.10	16.40	16.00	15.20	14.40
27	7月5日	18.00	16.30	15.50	15.10	14.40
28	7月12日	17.40	16.20	15.50	15.10	14.40
29	7月19日	16.50	16.10	15.30	15.10	14.30
30	7月26日	16.20	15.50	15.20	14.40	14.20
31	8月2日	16.20	15.30	14.50	14.30	14.10
32	8月9日	15.50	15.00	14.50	14.10	13.50
33	8月16日	15.20	14.30	14.10	13.50	13.40
34	8月23日	14.50	14.00	13.50	13.30	13.20
35	8月30日	14.40	13.40	13.30	13.20	13.10
36	9月6日	13.40	13.20	13.10	13.00	12.30
37	9月13日	13.00	12.50	12.40	12.40	12.30
38	9月20日	12.20	12.30	12.10	12.10	12.10
39	9月27日	11.30	12.00	11.50	11.50	12.00
40	10月4日	11.10	11.20	11.30	11.30	11.40
41	10月11日	10.40	10.50	11.00	11.20	11.20
42	10月18日	10.10	10.30	10.40	11.00	11.10
43	10月25日	9.30	10.00	10.20	10.40	11.00
44	11月1日	9.00	9.40	10.00	10.20	10.40

续表 5-17

周数	日期	60°～55°	55°～50°	50°～45°	45°～40°	40°～35°
45	11月8日	8.20	9.10	9.40	10.00	10.20
46	11月15日	7.50	8.50	9.20	9.40	10.10
47	11月22日	7.30	8.30	9.00	9.30	10.00
48	11月29日	7.00	8.10	8.40	9.20	9.50
49	12月6日	6.50	8.00	8.30	9.10	9.40
50	12月13日	6.30	7.50	8.20	9.00	9.40
51	12月20日	6.30	7.40	8.20	9.00	9.40
52	12月27日	6.30	7.50	8.20	9.00	9.40

在了解本地区全年光照变化的基础上，可在坐标纸上绘制出全年日照变化曲线（图 5-4）。

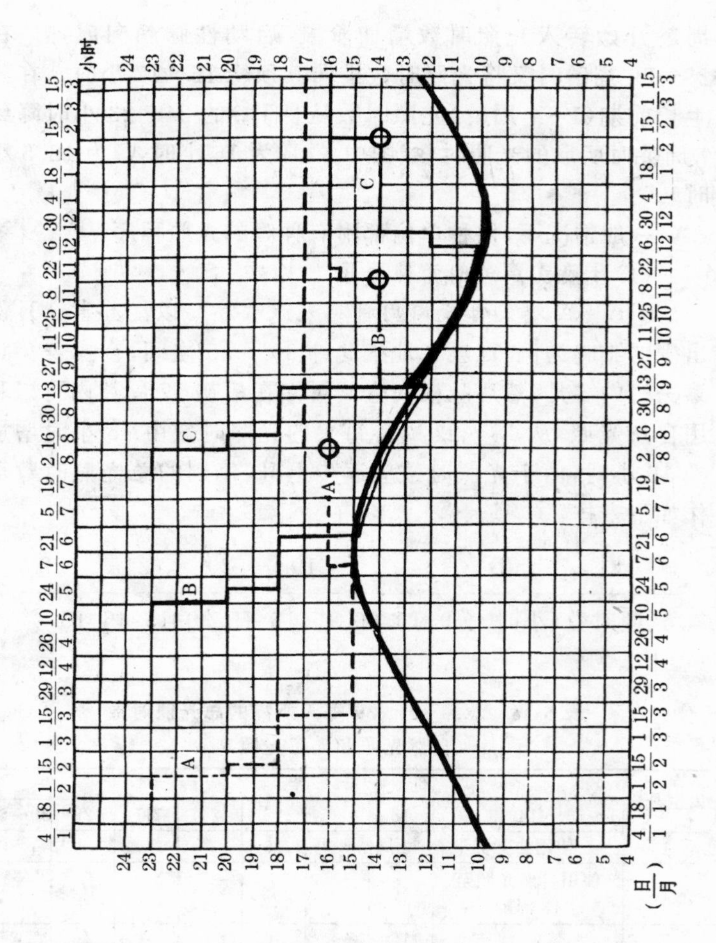

图 5-4　生长期光照方案

图中育成后期的光照时数是取 7～18 周龄间最长的日照时数为依据，或以此时数为恒定光照(图中 A)，或从此时数开始利用日照逐渐缩减的趋势到达 18 周龄(图中 B,C)，从 19

周龄开始转入光照时数增加阶段，启动性腺趋向成熟。在28～29周龄时又将光照时数推向其顶峰16～17小时。在其生长前期（1～7周龄）光照时数从1日龄的24～23小时降到7周龄时所取的光照时数（图中A，B为15小时，C为12.5小时）。

一般情况下，供种单位都附有种鸡的光照程序。

（1）开放式鸡舍的光照程序

①*A·A鸡父母代肉用种鸡光照程序* 以江苏省3月份出生的雏鸡为例，江苏省地处北纬30°～35°之间，查找表5-18第一栏的3月，然后从横向查阅可知在最初17周龄内可以利用自然光照，从18～22周龄每天的光照时数由15小时增加到16小时，由于光照时数应逐步上升，每周的总光照时数可作如下安排：

周龄	18	19	20	21	22
光照时数（小时.分）	15.00	15.15	15.30	15.45	16.00

表5-18 北纬30°～39°每天所需的总光照时数

（自然光照和人工光照）

出生月份	周				龄				
	1～13	14	16	18	20	22	24	26	28	30～68
1	使用自然光照至22周龄					16				
2	使用自然光照至18周龄			16						
3				15	→	16				
4				15	→	16				
5			14	15	→	16				
6			14	15	→	16				
7		12	→	13	→	15	16			

续表 5-18

出生月份	周					龄				
	1～13	14	16	18	20	22	24	26	28	30～68
8		12	→	13	→	15	16			
9		12	→	13	→	15	16			
10	使用自然光照至 30 周龄									16
11	使用自然光照至 28 周龄								16	
12	使用自然光照至 26 周龄							16	16	

如以总光照时数为 15 小时，则可以从早晨 4 时半开灯，到日出后关灯；到下午日落时又开灯，直到晚上 7 时半关灯。从 22 周龄开始，总光照时数为 16 小时，即可以从早晨 4 时开灯到日出为止；从下午日落时开灯直到晚上 8 时关灯。此光照时数在产蛋期间一直保持到产蛋期结束。

②彼德逊父母代肉用种鸡光照程序　除 1～2 天是 24 小时光照外，其他时间按表 5-19 进行。

表 5-19　彼德逊父母代肉用种鸡推荐的光照制度

出雏月份	总的光照时数（人工光照＋自然光照）						
	1～14 周	15 周	18 周	20 周	22 周	24 周	26～64 周
1	自然光照	自然光照	自然光照	15	16	16	17
2	自然光照	自然光照	自然光照	15	16	16	17
3	自然光照	自然光照	15	15.5	16	16	17
4	自然光照	自然光照	15	15.5	16	16	17
5	自然光照	14	14.5	15	16	16	17
6	自然光照	14	14.5	15	16	16	17
7	自然光照	13	13.5	14	15	15	16
8	自然光照	13	13.5	14	15	15	16
9	自然光照	13	13.5	14	15	15	16
10	自然光照	自然光照	自然光照	自然光照	15	15	16
11	自然光照	自然光照	自然光照	自然光照	15	15	16
12	自然光照	自然光照	自然光照	自然光照	15	15	16

此光照制度适用于北半球。因为从12月22日至翌年6月21日自然光照长度稳定地增加，从6月22日至12月21日自然光照长度减少。以北半球5月份孵出的鸡为例，它可在自然光照下饲养到14周龄，从15周龄开始总的光照时间应为14小时，以后的光照时数按表中所列的时数逐步递增，分别在18周龄、20周龄、22周龄、24周龄及26周龄时光照时数相应达到14.5小时、15小时、16小时、16小时及17小时。

③*海布罗父母代肉鸡的光照程序* 见表5-20。此程序与以上两个不完全一样，它仅适用于北纬34°～40°之间于5月10日出壳的雏鸡。

表5-20 海布罗父母代肉鸡光照程序

鸡龄(周)	光照时数(程序)	自然光照(小时.分)	人工光照(小时.分)
1	23	14.00	9.00
2	23	14.20	8.40
3	20	14.30	5.30
4～6	18	14.40	3.20
7	18	14.40	3.20
8～19	自然光照	14.40～12.30	—
20	14	12.10	1.50
21	14	12.00	2.00
22	14	11.40	2.20
23	14	11.20	2.40
24	14	11.10	2.50
25	14	11.00	3.00
26	14	10.40	3.20
27	14	10.20	3.40
28	14	10.10	3.50
29	15.3	10.00	5.30
30	15.3	9.50	5.40
31	15.3	9.40	5.50
32～36	16	9.40	6.20
37	16	10.00	6.00
38	16	10.10	5.50
39	16	10.20	5.40
40	16	10.30	5.30
41	16	10.40	5.20
42	16	11.00	5.00

注：鸡群5月10日出壳。地区：北纬35°～40°

(2)密闭式鸡舍的光照程序　密闭式鸡舍内的惟一光源是人工光照，所以可以随意控制每天的光照时间长度，虽然在育成期的光照阈值是11～12小时，但从有效控制性成熟而言，实际控制光照时间以6～8小时为好。

①罗斯-208肉用种鸡的光照程序　见表5-21。

表5-21　罗斯-208肉用种鸡在密闭鸡舍的光照程序

周　龄	日　龄	光照长度（小时）
—	1	23
—	3	19
—	4	16
—	5	14
—	6	12
—	7	11
	8	10
	9	9
	10～132	8
19	133	11
20	140	11
21	147	12
22	154	12
23	161	13
24	168	13
25	175	14
26	182	14
27	189	15

此方案至27周龄时光照时间为15小时，若产蛋量令人满意，则光照刺激不必再延长；若产蛋量的增加尚不能满意，可在此基础上，以每次增加半小时为限，增加2次就足够了，因光照超过17小时并无益处。

②艾维茵肉用种鸡光照方案　见表5-22。

表5-22　艾维茵肉用种鸡无窗鸡舍光照方案　（恒定-渐增法）

鸡　龄	光照强度		光照时间（小时）
	瓦/米^2	勒克斯	
1～2日龄	3	30	23
3～7日龄	3	30	16
2～18周龄	2	20	8
19～20周龄	2	20	9
21周龄	2	20	10
22～23周龄	3	30	13
24周龄	3	30	14
25～26周龄	3	30	15
27～65周龄	3	30	16

注：148日龄这一天增加3小时的光照刺激

此方案采用的是短日照恒定-渐增法。在第一周龄采用23～16小时光照，从2周龄开始至性成熟为止恒定光照8小时，其后再逐渐增加光照时间，至27周龄时达16小时并保持到产蛋期末。

③罗曼父母代肉用种鸡的光照程序　见表5-23。

表 5-23 罗曼父母代肉用种鸡在密闭鸡舍的光照程序

鸡龄	光照时间(小时)	鸡龄	光照时间(小时)
1～2 日龄	24	19 周龄	8
1 周龄	16	20～22 周龄	11
2 周龄	12	23～24 周龄	12
3 周龄	9	25 周龄	13
4 周龄	7	26 周龄	14
5～17 周龄	5	27～37 周龄	15
18 周龄	5	38 周龄起	保持 16 或最大 17

此方案采用的是渐减-渐增的光照程序。在最初两天内用 24 小时光照,自 3 日龄开始降为 16 小时光照,而且逐周递减光照时数,直至 18 周龄时每天光照时间为 5 小时。之后自 19 周龄开始增加光照刺激至 8 小时后,逐周递增至 27 周龄时,保持光照时间 15 小时直至 37 周龄,以后再根据情况适当增加 1～2 小时,直至产蛋期结束。

4. 光照管理的注意事项

第一,光照管理制度应从雏鸡开始,最迟也应在 7 周龄开始,且不得半途而废,否则,达不到预期的效果。

第二,产蛋期间增加光照时间应逐渐进行,在开始时每天增加最多不能超过 1 小时,以免突然增加长光照而导致脱肛。

第三,补充光照的电源要可靠,要有停电时的应急措施,否则,由于停电而造成光照时间忽长忽短,使鸡体生理机制受到干扰而最终导致减产。

第四,由于高压钠灯和日光灯的发光强度久用后会减弱,而且荧光灯只有在 21℃～27℃时正常发光,室温下降时发光效率会降低。为保持鸡舍内光照度的稳定,最好使用白炽灯,灯泡的瓦数不宜大于 60 瓦,因为瓦数大了光照度不均匀,可多用几个瓦数小的灯泡来满足光照度的需要。每周都应揩抹灯泡及灯罩上的灰尘，保持清洁明亮，还应随时更换坏灯泡。据测试，脏灯泡的光照度会降低1/3～1/2。

第五，灯泡之间的距离应相当于灯泡与鸡水平面之间距离的1.5倍。如果鸡舍内有多排灯泡，灯泡位置应交错分布，使光照度均匀。

(四)肉用种鸡的日常管理

1. 适宜的生活空间和饲具 提供适宜的生活空间和饲具、饮具是满足鸡个体生长发育的最基本的和必需的条件，否则将影响鸡体的生长发育和种鸡育成期间的整齐度以及鸡群生产性能的发挥。肉用种鸡多数以平面饲养为主，其适宜的生活空间和饲具见表5-24。

表5-24 肉用种鸡最适宜的生活空间和饲具

类 别	材料或器具	育雏期(1～4周)	育成期(5～22周)	产蛋期(23～64周)
地 面	全垫草	10～11只/米^2	3.6～5.4只/米^2	3.0～3.6只/米^2
	1/3垫草 2/3板条		4.8～6.1只/米^2	4.3～5.4只/米^2
饲 具	饲 槽 饲料盘	5厘米/只 个/100只 (1～10日龄)	15厘米/只	15厘米/只
	直径30～35厘米吊桶	3个/100只	7个/100只	7个/100只
饮水器	水 槽	2.5厘米/只	2.5厘米/只	2.5厘米/只
	圆水桶	2个/100只	2个/100只	2个/100只
产蛋箱				1个/4只母鸡

注：①通风不良鸡舍，每只鸡应有50%多余的生活空间

②天气炎热时，应增加饮水器数量

2. 正确地断喙、断趾　为防止种公鸡在交配时第一足趾及距伤害母鸡的背部，应在雏鸡阶段将公雏的第一足趾和距的尖端烙掉。为了防止大群饲养的鸡群中发生啄癖，一般在6～10 日龄断喙。对母雏，一般上喙断去 1/2，下喙断去 1/3，可采取从鼻孔下边缘到嘴尖的一半处（约 2 毫米）垂直断落（不能斜断），将上嘴的神经索切除，但断不到下嘴的神经索，所以下嘴部位日后还会长回一点。断喙长度一定要掌握好，过长止血困难，过短很快又长出来，断喙后应呈上短下长的状态。对公雏，只要切去喙尖足以防止其啄毛即可，不能切得太多，以免影响其配种能力。这里需要着重指出的是：断喙的好坏直接影响雏鸡的前期生长乃至整个鸡群生长发育的整齐度。

专用的电动断喙器，有大、小两个孔，可以根据雏鸡的大小来掌握。一般用右手握住鸡雏，大拇指按住鸡头，使鸡颈伸长，将喙插入孔内踏动开关切烙（图 5-5，1）。

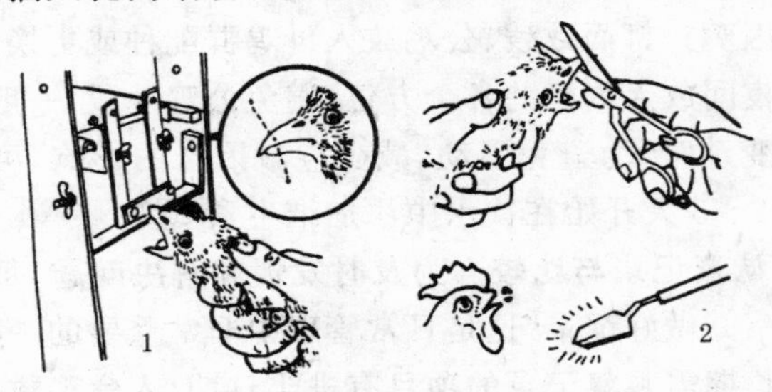

图 5-5　断喙操作图

1. 用断喙器切喙　2. 土法断喙

没有断喙器时，可用 100～500 瓦的电烙铁或普通烙铁，将其头部磨成刀形，操作时可左手握鸡，右手持通电的电烙铁或烧红的烙铁按要求长度进行切割，也可用剪刀按要求剪后再用烙铁烫平其喙部(图 5-5,2)。烙烫可起到止血的作用。

为防止断喙时误伤舌头,可将脖子拉长,舌头就会往里缩。断喙后 2～3 天内,为防止啄食时喙与饲料槽底部碰撞而出血,一般要多加料和水,停止限喂和接种各种疫苗。为加速止血,可在饲料及水中添加维生素 K。

3. 管理措施的变换要逐步平稳过渡 从育雏、育成到产蛋的整个过程中,由于生理变化和培育目标的不同,在饲养管理等技术措施上必然有许多变化,如育雏后期的降温,不同阶段所用饲料配方的变更,饲养方式的改变,抽样称重,整顿鸡群以及光照措施的变换,一般来说都要求有一个平稳而逐步变换的过程,避免因突然改变而引起新陈代谢紊乱或处于极度应激状态,造成有些鸡光吃不长、产蛋量下降等严重的经济损失。例如,在变更饲料配方时,不要一次全换,可以在 2～3 天内新旧料逐步替换。在调整鸡群时,宜在夜间光照强度较弱时进行,捕捉时要轻抱轻放,切勿只抓其单翅膀或单腿,否则有可能因鸡扑打而致残。公鸡放入母鸡群配种或更换新公鸡,亦应在夜间放入鸡群的各个方位,避免公鸡斗殴。一般在鸡群有较大变动时,为避免骚动,减少应激因素的影响,可在实施方案前 2～3 天开始在饮水中添加维生素 C 等。

4. 认真记录与比较 为及时发现和解决问题,每天都应进行观察并做好记录。这是日常管理中非常重要的一项工作。

生长期需观察记录的项目有进雏日期、入舍鸡数、每天及每周每鸡累计的饲料消耗量等。例如,记录每天鸡群采食完饲料的时间,观察该时间的变化来验证供料量的多或少,并加以调整。又如,鸡群死亡、淘汰只数及解剖结果,体重、整齐度及分群情况等。

产蛋期需观察记录的有转群、配种群鸡数,每天、每周的产蛋量、产蛋率，日、周的饲料消耗，每批蛋的孵化情况，死亡率及解剖结果等。

应认真对照该鸡种的各项性能指标进行比较，找出问题，并采取措施及时修正。

其他如注射疫苗的日期、剂量、批号，用药及其剂量情况也应记录，以利于对疾病的确诊与治疗。光照制度的执行情况等也应详细记录。

5. 注意观察鸡群动态 通过对鸡群动态的观察，可以了解鸡群的健康状况。平养和散养的鸡群，可以在早晨放鸡、饲喂以及晚间收鸡时进行观察。如清晨放鸡以及饲喂时，健康鸡争先恐后争夺食料，跳跃，打鸣，呼扇翅膀；而病、弱鸡耷拉脖子，步履蹒跚，呆立一旁，紧闭双眼，羽毛松乱，尾羽下垂，无食欲。病鸡经治疗虽可以恢复健康，但往往要停产很长一段时间，所以病鸡宜尽早淘汰。

检查粪便的形态是否正常。正常粪便呈灰绿色，表面覆有一层白霜状的尿酸盐沉淀物，且有一定硬度。粪便过稀，颜色异常，往往是发病的早期征候。例如，患球虫病时，粪便带有暗黑色或鲜红色；患白痢病时，排出白色糊状或石灰浆状稀粪，且肛门附近污秽、沾有粪便；患新城疫时，排出黄白色或黄绿色的恶臭稀粪。总之，发现异常粪便要及时查明原因，对症处理。

晚间关灯后，要仔细听鸡的呼吸声，如有打喷嚏声、打呼噜的喉音等响声，表明患有呼吸道病，应隔离出来及时治疗，以免波及全群。

检查鸡舍内各种用具的完好程度与使用效果。如饮水器内有无水，其出口处有无杂物堵塞；对利用走道边建造的水泥食槽，如其上方有调节吃料间隙大小横杆的，要随鸡体长大而扩大其间隔，检查此位置是否适当；灯泡上的灰尘擦掉了没有，以及通风换气状况如何等等。

6. 严格执行防疫卫生制度 按免疫程序接种疫苗。严格入场、入舍及全进全出制度，定期消毒。经常洗刷水槽、食槽，保持鸡舍内外的环境清洁卫生。加强对垫草的管理，防止因粪、尿污染与潮湿而致病菌大量繁殖及室内有害气体骤增对鸡体造成危害。保证饲料不变质。

7. 根据季节的变换进行管理

(1)冬季 冬季气温低，日照时间短，应加强防寒保暖工作。如给鸡舍加门帘，将北面窗户用纸糊缝或临时用砖堵死封严，或外加一层塑料薄膜，或覆加厚草帘保温。定时进行通风换气，以减少舍内尘埃及氨气等有害气体的污染，减少呼吸道病的发生。

有运动场的鸡舍，冬季要推迟放鸡时间，在鸡群喂饱后再逐渐打开窗户，待舍内外温度接近时再放鸡。大风降温天气不要放鸡。

禁止饮用冰水或任鸡啄食冰雪。有条件的鸡场可用温水拌料，让鸡饮温水。

冬季鸡体散热量加大，在饲粮中可增加玉米的数量，使之从饲料中获得更多的能量来维持正常代谢的消耗。

冬季应按光照程序补足所需光照时数。

(2)春季 春季天气逐渐转暖，日照时间逐渐增长，是一年中产蛋率最高的季节。要加强饲养管理，保持产蛋箱中垫料的清洁，勤捡蛋，减少破蛋和脏蛋。

早春气候多变，应注意预防鸡感冒。春季气温渐高，各种病原微生物容易滋生繁殖，在天气转暖之前应进行 1 次彻底的清扫和消毒。要加强对鸡新城疫等传染病的监测，或接种预防。

(3)夏季　夏季日照时间增长，气温上升，管理的重点是防暑降温，减少热应激反应，促进食欲。可采用运动场搭凉棚、鸡舍周围种植草皮减少地面裸露等方法，减少鸡舍受到的辐射热和反射热。及时排出污水、积水，避免雨后高温加高湿状况的出现。

早放鸡、晚关鸡，加强舍内通风，供给清凉饮水。

夏季气温高，鸡的采食量减少，可将喂料时间改在早、晚较凉爽时，少喂勤添。同时要调整日粮，增加蛋白质成分，减少能量饲料(如玉米等)。

(4)秋季　秋季日照时间逐渐缩短，需按光照程序补充光照。昼夜温差大，应注意调节，防止由此给鸡群带来不必要的损失。

在调整鸡群及新母鸡开产前，可实施免疫接种或驱虫等卫生防疫措施。做好入冬前鸡舍的防寒准备工作。

8. 关于种鸡产蛋时期喂料时间的探讨　有的专家在对种鸡的采食行为的观察中发现：上午找巢穴产蛋的鸡数比例多，产蛋数量约占全天产蛋数的72%～75%，下午走动觅食的鸡增多。一般鸡群有两个采食高峰：一是黎明时，约摄取食量的1/3；二是黄昏时，约摄取食量的2/3。因而认为，若上午喂料，实质上是强令鸡群采食，而与产蛋行为相悖。

另外，从鸡的产蛋行为来看，产蛋最小间隔是24～26小时，在产蛋后15～75分钟再发生排卵，在输卵管中开始下一个蛋的形成过程，所以蛋的形成过程主要在下午和晚上，如果在下午2～3时后喂料，一般于摄食后2～6小时进入消化、吸收的旺盛阶段，此时的营养吸收与蛋的形成在时间上也基本吻合。

不仅如此，下午喂料还可减少鸡体的应激损失。下午2～3时，大部分母鸡已产完蛋，耗去相当体力，此时喂料，鸡群的食欲旺盛，能均匀专注地觅食。寒冷季节，下午喂料后经过消化吸收，在晚间及凌晨所释放的代谢热能要比在上午喂料释放的代谢热能多，这有利于御寒。在炎热季节，下午喂料比上午喂料死淘率可下降1%。相关资料认为，没有哪一种饲料的利用率可以达到100%，因此都会产生额外的代谢热。而鸡体增热通常是在采食后4～6小时达到高峰，当体增热产生高峰和气温高峰发生重叠时，就出现了在炎热天气上午喂料的鸡死淘率上升的趋势。

根据测试，总的效果是：下午喂料的高峰期产蛋率提高3个百分点，破蛋率下降了0.8个百分点。这是一个有益的尝试。

（五）种公鸡的控制饲养

孵化率的高低在很大程度上取决于种公鸡的授精能力，所以种公鸡饲养管理的好坏，对种母鸡饲养效益的实现及对其后代生产性能的影响是极大的。

为了培育生长发育良好、胫长在140毫米以上、具有强壮的体格、适宜的体重、活泼的气质、性成熟适时、性行为强且精液质量好、授精能力强且利用期长的种公鸡，必须根据公鸡的生长、生理和行为特点，做好有关的管理和选择工作。

1. 育成的方式与条件 以改善种鸡授精率为目标的公鸡饲养方法，大多以公母分开育雏、育成，混群后公母分开饲喂，并供给不同的专用饲料，尽量减少公鸡腿脚部疾患。这是必要的管理方法。一般认为，肉用种公鸡在育成期间，无论采用哪种育成方式，都必须保证有适当的运动空间，但大多推荐以全垫料地面平养或者是1/3垫料与2/3栅条结合饲养的方式为好。同时，它的饲养密度要比同龄母鸡少30%～40%。

2. 种公鸡的体重控制与限饲 过肥、过大的公鸡会导致动作迟钝，不愿运动，追逐能力差；过肥的公鸡往往影响精子的生成和授精能力，由于腿脚部负担加重，容易发生腿脚部的疾患，尤其到40周龄后更趋严重，以至缩短了种用时间。所以普遍认为，种公鸡至少从6周龄左右开始直至淘汰都必须进行严格的限制饲养，应按各有关公司提供的标准体重要求控制其生长发育。

(1)6周龄以前 此期应使其生长潜力得到充分发挥，以形成坚固的骨骼、修长的腿和胫、韧带、肌腱等运动器官，以支撑将来的体重，为种公鸡的发育打下坚实的基础。在此期间使用的饲料，应为含蛋白质18%以上的育雏饲料，至少应在前4周龄应用育雏料。当公雏累计每只吃进1 000克雏料(约180克蛋白质)后可改用育成料，其中前3周龄应任其自由采食，不要限料或空槽。若3周龄末体重达标，可采用与母雏相同的限饲程序限喂，维持每周体重稳定持续增长；若跟不上体重标准则推迟限喂，延长光照时间等促使其尽量发展，使其胸肌丰满，龙骨与地面平行，长相与商品肉鸡无异，6周龄末体重必须达900克以上，胫骨长度在8周龄时至少要在100毫米以上。断喙时间与母雏相同。6周龄末可进行第一次选种，选择符合品种特征、体重大、腿脚强健、脚趾正常、结构匀称、关节正常、雄性特征明显、鸡背长而直的，淘汰那些鉴别上有误差、体重过轻、病残和畸形的。由于8周龄后公鸡的腿、胫骨生长趋缓，千万不可限制早期生长。

(2)7～13周龄 由于前期任其充分发展，一般公鸡饲养得肥胖、丰满。此阶段应使其生长减慢，饲料改为育成饲料，采用“四三”限喂或“五二”限喂，使其胸部和体内丰满的肌肉和脂肪转变成腿、胫的精瘦肌腱，使胸部肌肉逐渐减少，龙骨前端逐渐抬高。13周龄之前是骨架(体形)均匀度的控制期，至13周龄末理想的胫骨长度以120～130毫米为宜。该阶段的体重将渐渐回归到标准范围，或最多不超过标准的10%。每周应仔细称重，如均匀度在80%以下，应采用大、中、小分群饲养的办法进行调整。育成阶段的饲养密度以4只/米^{2}为宜。

(3)14～23周龄　此阶段是性成熟均匀度的控制期，应尽可能促进性器官发育，可将限饲措施略作放松，即由“四三”限喂改为“五二”限喂，或由“五二”限喂改为每日限喂，尽量使其体重的增长与标准吻合，使群体的均匀度调整到80%以上。此期间可使用公鸡料桶吊高喂料，既有利于公鸡在采食时对腿部的锻炼，又有利于在21周龄混群后更习惯于用料桶采食。自18周龄开始，可由育成料改为预产料，一般每周增重在150～160克。此时需要增加光照刺激，使性成熟与体成熟同步。

在18周龄和20周龄时，可分别进行选种，淘汰体质瘦弱、体重轻、发育畸形、喙短、胫骨短(成年公鸡胫骨长度应在140毫米以上)、无雄性特征的公鸡。

公母混群一般在20～21周龄进行。合群时，公鸡体重应高出母鸡体重的30%左右。如体重过小，应推迟混群，避免公鸡受欺而影响授精率。在合群前，公鸡应提早1周转入产蛋鸡舍，使公鸡先适应新环境，也使公鸡在整个鸡舍内分布均匀。公、母比例以1∶9～10为宜。过多时，往往造成强壮公鸡间争斗以及母鸡受欺导致伤残。

为解决混群后确实做到公、母分饲，通过控制采食量来达到控制体重的目的，防止因公鸡偷吃母鸡料致使供料量不精确造成正常发育受到影响。有关公司建议在母鸡饲槽上安装限制公鸡采食的隔鸡栅(其间隙为43毫米),也可采用一根长度为63毫米的塑料细棒,穿过并嵌在公鸡的鼻孔上(所谓"鼻签"工艺),配套使用隔鸡栅,可进一步限制公鸡偷吃母鸡饲料。此项工作切勿疏忽,否则,会造成整齐度的急骤下降。由于公鸡的睾丸等性器官要到30周龄时才充分发育成熟,所以在21～30周龄间,应抽样10%称重,确保体重不减轻。

(4)24周龄以后 种公鸡在24周龄以后,应饲喂单独配制的公鸡饲料。彼德逊肉用种鸡和A·A公司父母代种鸡的营养标准见表5-25,表5-26。

表5-25 彼德逊肉用种鸡种用期营养标准

营养成分		种公鸡	种母鸡
代谢能	(兆焦/千克)	11.74	12.22
粗蛋白质	(%)	12.00	16.30
蛋白能量比	(克/兆焦)	10.23	13.34
脂 肪	(%)	3.20	3.50
亚油酸	(%)	0.75	1.50
粗纤维	(%)	6.35	3.50
胆 碱	(毫克/千克)	550.00	1350.00
钙	(%)	0.95	3.10
有效磷	(%)	0.40	0.40
钠	(%)	0.18	0.18
钾	(%)	0.59	0.59
镁	(%)	0.06	0.06
氯	(%)	0.16	0.16

表 5-26 A·A公司推荐的父母代种鸡营养标准

项目		公鸡和母鸡			母鸡		公鸡
		育雏料	育成料	预产料①	产蛋Ⅰ期料②	产蛋Ⅱ期料③	种鸡料④
营养含量	粗蛋白质 (%)	17.0～18.0	15.0～15.5	15.5～16.5	15.5～16.5	14.5～15.5	12.0
	代谢能 (兆焦/千克)	11.7～12.1	11.0～12.0	11.7～12.1	11.7～12.1	11.7～12.1	11.7
	(千卡/千克)	2800～2915	2640～2860	2800～2915	2800～2915	2800～2915	2800
	脂肪 (最低%)	3.00	3.00	3.00	3.00	3.00	3.00
	粗纤维(低～高) (%)	3.00～5.00	3.00～5.00	3.00～5.00	3.00～5.00	3.00～5.00	3.00～5.00
	亚油酸 (%)	1.00	1.00	1.00～1.75	1.25～1.75	1.00	1.00
	钙(低～高) (%)	0.90～1.00	0.85～0.90	1.50～1.75	3.15～3.30	3.30～3.50	0.85～0.90
	磷(低～高) (%)						
	有效磷	0.45～0.50	0.38～0.45	0.40～0.42	0.40～0.42	0.35～0.37	0.35～0.37
	总磷	0.55～0.70	0.50～0.65	0.55～0.70	0.55～0.70	0.50～0.55	0.50～0.65
	钠(低～高) (%)	0.18～0.20	0.18～0.20	0.16～0.20	0.16～0.20	0.16～0.18	0.18～0.20
	盐(低～高) (%)	0.45～0.50	0.45～0.50	0.40～0.45	0.40～0.45	0.40～0.45	0.40～0.45
	氯(低～高) (%)	0.20～0.30	0.20～0.30	0.20～0.30	0.20～0.30	0.20～0.30	0.20～0.30
氨基酸最低含量(%)	精氨酸	0.90～1.00	0.75～0.90	0.90～1.00	0.90～1.00	0.88～0.94	0.66
	赖氨酸	0.92～0.98	0.60～0.70	0.80～0.85	0.80～0.85	0.78～0.81	0.54
	蛋氨酸	0.34～0.36	0.30～0.35	0.30～0.32	0.30～0.32	0.30～0.32	0.24
	蛋氨酸+胱氨酸	0.72～0.76	0.56～0.60	0.60～0.64	0.60～0.64	0.54～0.56	0.45
	色氨酸	0.17～0.19	0.17～0.19	0.16～0.17	0.16～0.17	0.16～0.17	0.12

续表 5-26

项目		公鸡和母鸡			母鸡		公鸡
		育雏料	育成料	预产料①	产蛋Ⅰ期料②	产蛋Ⅱ期料③	种鸡料④
氨基酸含量(%)(最低)⑤	苏氨酸	0.52～0.54	0.48～0.52	0.50～0.53	0.50～0.53	0.50～0.53	0.40
	异亮氨酸	0.66～0.70	0.58～0.60	0.58～0.62	0.58～0.62	0.58～0.62	0.48
微量元素含量(毫克/千克)	锰	66	66	120	120	120	120
	锌	44	44	110	110	110	110
	铁	44	44	40	40	40	40
	碘	1.1	1.1	1.1	1.1	1.1	1.1
	铜	5.0	5.0	8.0	8.0	8.0	8.0
	硒	0.30	0.30	0.30	0.30	0.30	0.30
维生素含量⑥	维生素 A (IU)	11000	11000	15400	15400	15400	15400
	维生素 D_3 (IU)	3300	3300	3300	3300	3300	3300
	维生素 E (IU)	22	22	33	33	33	33
	维生素 K_3(毫克)	2.2	2.2	2.2	2.2	2.2	2.2
	维生素 B_1(毫克)	2.2	2.2	2.2	2.2	2.2	2.2
	维生素 B_2(毫克)	5.5	5.5	9.9	9.9	9.9	9.9
	泛酸 (毫克)	11.0	11.0	13.2	13.2	13.2	13.2
	烟酸 (毫克)	33.0	33.0	44.0	44.0	44.0	44.0
	维生素 B_6(毫克)	1.1	1.1	5.5	5.5	5.5	5.5
	生物素 (毫克)	0.11	0.11	0.22	0.22	0.22	0.22
	胆碱 (毫克)	440	440	330	330	330	330
	维生素 B_{12}(毫克)	0.013	0.013	0.013	0.013	0.013	0.013
	叶酸 (毫克)	0.88	0.88	1.65	1.65	1.65	1.65
	抗氧化剂 (毫克)	120	120	120	120	120	120

注:①预产料从 24 周开始饲喂,也可从 22 周开始饲喂

②18～23 周龄

③需要时从 45～50 周开始饲喂

④预产料从 24 周开始饲喂。亦可从 22 周开始饲喂

⑤假定能量水平为 11715.2～12196.36 千焦/千克。每种氨基酸的最低值与较低的蛋白质水平相关

⑥每千克饲料需要添加量;IU 代表国际单位

这样低蛋白质水平的饲料，对种公鸡的性成熟期及睾丸重、精液量、精子浓度、精子数等均没有明显的不良影响。据报道，喂以 9%～10%蛋白质水平的饲料，公鸡产生精液的百分数还是比较高的。而供给过高蛋白质水平的饲料，常会由于公鸡采食过量而得痛风症，引起腿部疾患。但在使用低蛋白质水平日粮时，必须注意日粮中的必需氨基酸的平衡，由于这些氨基酸大多直接参与精子的形成，对精液的品质有明显的影响。

公鸡的营养需求除了蛋白质水平可以降低外，能量需要亦可适当降低为 11.3～11.7 兆焦/千克日粮。同时，从表 5-25 中亦可以看到，钙与有效磷的含量分别为 0.95%和0.4%，在种用期间采用较低水准的钙用量，将有利于公鸡体内的代谢过程及精子的发育。但对微量元素则要求按一般推荐量的 125%添加。

公鸡对维生素特别是对脂溶性维生素的需求量较高，它直接影响公鸡的性活力，如维生素 A 和维生素 E 可影响精子的产生，B 族维生素影响性活动能力，维生素 B_{12}影响精液的数量，烟酸和生物素可防止公鸡的腿病，维生素 C 对增加精子数、提高种蛋受精率均有显著作用。因此，在日粮中维生素更需加倍添加。

切实检查公母分饲措施的完备状况，要尽可能做到喂料时快速、均匀。此时对公鸡可吊高料桶，一般离地面 46 厘米左右，应随公鸡的背高变化而调整。尤其在 1/3 垫料和 2/3 栅条结合的鸡舍内，可将公鸡料桶吊在垫料区，并控制每个料桶只供 6 只左右公鸡采食。可先黑舍给公鸡料，等亮灯后公鸡吃到料时再供给母鸡饲料，这样在采食均匀性以及对公鸡的腿部发育会有一些好处，亦可避免由于公鸡采食的不均匀而形成两极分化，导致公鸡过早瘦弱及病残。

在生产期间，公鸡的采食量应每4周增加1克料量。公鸡的维持能量会随着舍温的变化而改变，一般认为在18℃～27℃的区间温度以外，每增或降1℃，每天可相应地减少或增加2克饲料。

为了控制种公鸡的性成熟，自6周龄后必须把光照时间控制在11小时以内，直到公、母混群进入配种阶段采用与母鸡相同的光照制度。因为推迟性成熟期将有利于在配种期内产生的精子质量。至于6周龄以前的光照时数，则可采用逐步下降的方法，如1～5日龄实际连续光照24小时，6日龄至6周龄可连续光照或渐减到13～11小时。

(5) 45～50周龄以后 这段时期已逐渐进入产蛋后期。公鸡的睾丸开始衰退变小，产生精子的数量、质量均有所下降，部分公鸡的种用价值降低，种群的受精率开始下降，应及时淘汰腿脚伤残、行动迟缓、配种能力差的公鸡。可考虑在45周龄后补充后备青年公鸡，其数量不能少于原公鸡总数的10%，以保证后期的种蛋受精水平。

3. 种公鸡的选择和配种管理

实践证明，种用公鸡选择的正确与否，将影响种用期间鸡群鸡蛋的受精率、孵化率、公鸡种用时间的长短以及后代的生产性能。

(1)选择的要求与方法

①严格参照各鸡种标准要求选择 种公鸡的体重应控制在标准要求的范围内，从鸡群整齐度来看，其变动系数不要超过10%，在此基础上按照一定的比率选留。

②从外貌上选择 应选择胫长在140毫米以上、胸平肩宽、鸡冠挺拔、色泽鲜红、精力旺盛、行动敏捷、眼睛明亮有神、行动时龙骨与地面约呈45°角的雄性强的公鸡，淘汰那些体

形狭小、冠苍白、眼无神、羽毛蓬松、喙畸形、背短狭、驼背、龙骨短、腿关节变形、跛行或站立不稳等有腿脚部疾患的公鸡。

③按公鸡的性活动能力选择　可根据公鸡一天中与母鸡交配的次数分强、中、弱 3 种类型：达 9 次以上者为强，6～9 次者为中，6 次以下者为弱。选留的公鸡应为中等以上的。亦可观察公鸡放入母鸡群后的反应，如在 3 分钟内就表现有交配欲的为性能力强，5 分钟内有表现者为中，其余则应淘汰。

④根据精液质量选择　可利用人工采精技术，对选留公鸡的精液质量进行检测。按人工采精的方法 2～3 次仍采不到精液或精液量在 0.3 毫升/次以下、精子活力低于 6.5 级、精子密度少于 20 亿个/毫升的，均属淘汰范围。

(2)配种管理　在大群配种时，通常以组成 200 只的小配种群为好。所选配的公鸡，在体重和性能力方面，在各配种群间应搭配均衡。公鸡应先于母鸡转入产蛋鸡舍，使其能均匀地分布到鸡舍的各个方位，以保证每只公鸡都能大致均衡地认识相同数量的母鸡。更换替补新公鸡应在天黑前后进行，避免因斗殴致残。在转群时，必须小心抓握鸡的双腿及翅膀，切勿只拧一条腿，否则可能因翅膀扑打等导致腿部或翅膀致残而失去种用价值。

(六)肉用种鸡饲养方法举例

以某公司提供的父母代种鸡为例。

1. 索取和查阅鸡种有关资料

(1)父母代种鸡生产性能　见第三章表 3-2。

(2)某公司推荐的饲料配方　见表 5-27，表 5-28。

表 5-27 某公司推荐的肉用种鸡各时期饲料配方

营养素	配方号					
	A	B	C	D	E	F
粗蛋白质 (%)	19～20	18	16	16.7	16	17.4
代谢能(兆焦/千克)	12.43	11.97	11.72	11.97	11.51	11.51
蛋白能量比(克/兆焦)	15.27	15.03	13.65	13.93	13.89	15.11
钙 (%)	0.90	0.85	1.10	2.90	2.80	3.10
可利用磷 (%)	0.45	0.43	0.55	0.47	0.45	0.49
粗脂肪 (%)	3～4	3～4	3～4	3～4	3～4	3～4
粗纤维 (%)	2.5～3	2.5～3	3～5	3～5	3～5	3～5
亚油酸 (%)	1.40	1.40	1.30	1.30	1.30	1.40
赖氨酸 (%)	1.00	0.90	0.72	0.70	0.68	0.73
蛋氨酸 (%)	0.40	0.36	0.32	0.34	0.32	0.35
蛋氨酸＋胱氨酸(%)	0.72	0.65	0.58	0.61	0.58	0.63
色氨酸 (%)	0.20	0.18	0.16	0.17	0.16	0.18
精氨酸 (%)	1.00	0.90	0.80	0.84	0.80	0.87
亮氨酸 (%)	1.40	1.26	1.12	1.25	1.20	1.31
异亮氨酸 (%)	0.80	0.72	0.64	0.84	0.80	0.99
苯丙氨酸＋酪氨酸(%)	1.40	1.26	1.12	1.10	1.06	1.15
苏氨酸 (%)	0.70	0.63	0.56	0.62	0.59	0.64
缬氨酸 (%)	0.86	0.77	0.69	0.72	0.69	0.75
组氨酸 (%)	0.40	0.36	0.32	0.33	0.32	0.35
苯丙氨酸 (%)	0.70	0.63	0.56	0.77	0.74	0.80
钠 (%)	0.15	0.15	0.15	0.12	0.12	0.13
氯化物 (%)	0.15	0.15	0.15	0.14	0.14	0.15
盐 (%)	0.25	0.25	0.25	0.25	0.25	0.25
钾 (%)	0.40	0.39	0.38	0.39	0.37	0.37

注：A,B 为初期饲料,C 为生长期饲料,D,E,F 为种鸡饲料(22 周龄以后),其中 D,E 在平均气温 27℃以下时用,F 在平均气温 27℃以上时用

表 5-28　建议的维生素及微量元素含量

营养素	每吨全价饲料的总量			玉米-大豆基本配方预先混合料(吨)		
	初期饲料	生长饲料(控制)	种鸡饲料	初期饲料	生长饲料(控制)	种鸡饲料
维生素 A(万单位)	1200	1200	1500	1000	1000	1200
维生素 D_3(万单位)	150	150	300	150	150	300
维生素 E(万单位)	2.0	2.0	3.3	0.6	0.6	1.5
维生素 K_3(克)	1.0	1.0	1.0	1.0	1.0	1.0
硫胺素(克)	4.0	4.0	4.0	2.5	2.5	2.5
核黄素(克)	5.0	5.0	8.0	4.0	4.0	7.0
泛酸(克)	17.0	12.0	20.0	10.0	10.0	16.0
烟酸(克)	50.0	50.0	55.0	35.0	35.0	35.0
吡哆醇(克)	8.0	8.0	9.0	3.0	3.0	4.5
生物素(克)	0.25	0.25	0.3	0.2	0.15	0.2
胆碱(克)	1500	1500	2200	500	500	1200
叶酸(克)	2.3	2.3	2.3	1.3	1.3	1.3
抗氧化物(毫克)	12.0	12.0	12.0	12.0	12.0	12.0
铁(克)	80	80	60	60	60	40
铜(克)	20	20	15	15	15	10
碘(克)	0.45	0.45	0.40	0.40	0.40	0.35
硫(克)	80	80	80	60	60	60
锌(克)	60	60	80	50	50	70
硒(克)	0.2	0.2	0.2	0.15	0.15	0.15

注：1. 总量指饲料成分中的自然含量加上预先混合料中的含量

2. 在初期及生长期饲料里，应添加准许用的抗球虫药以控制球虫病

(3)星波罗父母代公鸡及母鸡育成期的目标体重及饲喂方案　见表5-29,表5-30。

表5-29　星波罗父母代公鸡育成期目标体重及饲喂方案

周龄	日龄	目标体重(克)	每日每只鸡限饲饲料量(克)	饲喂程序
1	7		自由采食	自由采食,在21日龄以前的雏鸡料最好为粗屑料
2	14			
3	21	530～610	53～59	开始控制进食量。鸡21日龄时测定自由采食所摄进的饲料量,以后维持此食量,直到能于5小时内吃完或至鸡达35日龄为止,依何者先达到而取舍
4	28	670～750	60～66	
5	35	810～910	63～69	开始限制喂料。5周龄时改为粉状育成期饲料,采用隔日喂料方法较好。抽样称重,比较鸡群的实际体重和目标体重的差异,调整饲料量以达到建议的目标体重
6	42	950～1050	68～76	
7	49	1080～1220	70～79	
8	56	1210～1370	75～83	停喂料日饲喂谷粒撒料10克/只
9	63	1350～1510	81～89	
10	70	1490～1670	83～91	
11	77	1630～1810	88～98	
12	84	1770～1970	90～100	
13	91	1910～2110	95～105	
14	98	2050～2260	99～109	
15	105	2200～2410	101～111	
16	112	2340～2550	102～112	
17	119	2470～2690	104～114	
18	126	2590～2810	107～119	将公鸡放入母鸡群,每100只母鸡放10只公鸡

表 5-30　星波罗父母代母鸡育成期目标体重及饲喂方案

周龄	日龄	目标体重（克）	每日每只鸡限饲饲料量（克）	饲　喂　程　序
1	7		饱　饲	饱饲,初生鸡日料最好用粗屑料
2	14			开始控制进食量,鸡龄 21 日时,测量鸡饱饲所进饲料量,以后每日即以此量喂给,直到能在 5 小时内完全吃完,或至鸡龄 35 日为止,依何者先达到而取舍。一般鸡群在鸡 3 周龄时,每日每只可消耗饲料 39～43 克
3	21	320～480	39～43	
4	28	410～570	43～47	
5	35	500～660	47～51	开始全控程序,鸡 35 日龄时,改饲粉状成长饲料,采用隔日饲喂法控制其生长速度。称量有代表性的样鸡,比较该鸡龄时的实际体重与目标体重,调整饲料量以求达到建议的生长速度
6	42	590～750	49～55	
7	49	680～840	52～58	
8	56	770～930	55～61	开始每只饲喂 9 克谷粒料(于停饲日撒喂)。每周称量有代表性的样本鸡。切勿于成长期减少饲料供应量,如果生长过重,在未达目标体重时可不增加饲料量
9	63	860～1020	58～64	
10	70	950～1110	61～67	
11	77	1040～1200	63～69	
12	84	1130～1290	66～72	
13	91	1220～1390	69～75	
14	98	1320～1490	71～79	
15	105	1420～1590	74～82	
16	112	1520～1690	78～86	
17	119	1620～1790	82～90	
18	126	1720～1890	85～95	
19	133	1830～2000	88～98	开始光照刺激计划。自 20 周后改为种鸡饲料 当 22 周龄或产第一只蛋时(依何者先达到为取舍),鸡只必须每日供食
20	140	1940～2110	92～102	
21	147	2050～2230	96～106	
22	154	2170～2350	100～110	
23	161	2350～2530	104～114	

注：1. 表 5-29,表 5-30 所示日粮系代谢能为 11.72 兆焦/千克。鸡舍平均温度为 18℃

2. 隔日限喂时,将饲料量加倍于喂料日一次加入

(4)**星波罗父母代种鸡产蛋期间饲料消耗量** 见表5-31。该表显示了高、中、低水平的产蛋率和在不同鸡舍温度条件下相对应的饲料供给量。

表5-31 星波罗父母代种鸡饲料消耗量 [克/(只·日)]

周龄	产蛋率(高)					产蛋率(中)					产蛋率(低)				
	日产蛋率(%)	产蛋鸡舍温度(℃)				日产蛋率(%)	产蛋鸡舍温度(℃)				日产蛋率(%)	产蛋鸡舍温度(℃)			
		16	21	27	32		16	21	27	32		16	21	27	32
24	5	133	121	110	98	5	121	110	98	87	0	119	108	96	85
25	25	148	136	124	112	18	135	124	112	100	1	124	112	100	88
26	45	161	149	137	125	32	146	134	122	110	5	130	118	107	95
27	70	164	152	140	127	43	155	142	130	118	20	139	127	114	102
28	75	167	155	142	130	56	165	152	140	128	35	149	136	124	112
29	78	169	157	144	132	70	168	155	143	131	50	155	143	130	118
30	81	171	159	146	134	80	169	157	145	132	65	163	151	138	125
31	84	172	160	147	135	82	169	157	145	132	72	165	153	140	127
32	86	173	160	147	135	82	170	158	145	132	74	166	154	141	128
33	85	173	160	148	135	81	170	158	145	132	75	167	155	142	129
34	84	173	160	148	135	80	170	158	145	132	76	167	155	142	129
35	83	173	160	148	135	79	170	158	145	132	74	167	155	142	129
36	82	173	160	148	135	78	170	158	145	132	72	167	155	142	129
饲料削减															
40	78	171	158	146	133	75	168	156	143	130	69	165	153	140	127
44	74	168	155	143	130	71	165	153	140	127	65	162	150	137	124
48	70	166	153	141	128	67	163	151	138	125	61	160	148	135	122
52	66	164	151	139	126	63	161	149	136	123	57	158	146	133	120
56	62	161	148	136	123	59	158	146	133	120	53	155	143	130	117
60	58	159	146	134	121	55	156	144	131	118	49	153	141	128	115
64	54	157	144	132	119	51	154	142	129	116	45	151	139	126	113

注:1. 饲料能量为11.55兆焦/千克

2. 鸡舍温度 $=\frac{(\text{最高温度}+\text{最低温度})}{2}$

(5)**开放式鸡舍的光照方案** 见表5-32,表5-33,表5-34。

分别是星波罗肉用种鸡在北纬20°,30°,40°地区不同月份出壳雏鸡的光照方案。我们可以根据所处地区的纬度及雏鸡的出壳月份在表中对号入座。

表5-32 星波罗公司肉用种鸡开放式鸡舍的光照方案 (北纬20°)

出壳日期(月/日)	19周龄		总光照时数(人工光照+自然光照)						
	到达日期(月/日)	自然光照时间(小时.分)	1~3天	4~133天	19周龄	20周龄	22周龄	31周龄	32周龄
1/15	5/28	13.11	23	13小时连续光照	15.0	15.0	16.0	16.5	17.0
2/15	6/28	13.20	23	13.5小时连续光照	15.0	15.0	16.0	16.5	17.0
3/15	7/26	13.04	23	4天至14周龄采用13.5小时光照,14至19周龄采用自然光照	15.0	15.0	16.0	16.5	17.0
4/15	8/26	12.33	23	4天至10周龄采用13.5小时光照,10~19周龄采用自然光照	15.0	15.0	16.0	16.5	17.0
5/15	9/25	12.02	23	自然光照	15.0	15.0	16.0	16.5	17.0
6/15	10/26	11.28	23	自然光照	14.0	14.0	15.0	15.5	16.0
7/15	11/25	11.04	23	自然光照	14.0	14.0	15.0	15.5	16.0
8/15	12/26	10.52	23	自然光照	13.0	14.0	15.0	15.5	16.0
9/15	1/26	11.08	23	自然光照	14.0	14.0	15.0	15.5	16.0
10/15	2/25	11.44	23	11.5小时连续光照	14.0	14.0	15.0	15.5	16.0
11/15	3/28	12.10	23	12小时连续光照	15.0	15.0	16.0	16.5	17.0
12/15	4/27	12.45	23	12.5小时连续光照	15.0	15.0	16.0	16.5	17.0

表 5-33　星波罗肉用种鸡开放式鸡舍的光照方案　(北纬 30°)

出壳日期(月/日)	19周龄		总光照时数(人工光照＋自然光照)						
	到达日期(月/日)	自然光照时间(小时．分)	1～3天	4～133天	19周龄	20周龄	22周龄	31周龄	32周龄
1/15	5/28	13.55	23	14小时连续光照	★	16.0	16.0	16.5	17.0
2/15	6/28	14.05	23	14小时连续光照	★	16.0	16.0	16.5	17.0
3/15	7/26	13.44	23	4天至14周龄采用14小时光照，14～19周龄采用自然光照	★	16.0	16.0	16.5	17.0
4/15	8/26	13.00	23	4天至10周龄采用14小时光照，10～19周龄采用自然光照	15.0	15.0	16.0	16.5	17.0
5/15	9/25	12.06	23	自然光照	15.0	15.0	16.0	16.5	17.0
6/15	10/26	11.10	23	自然光照	14.0	14.0	15.0	15.5	16.0
7/15	11/25	10.30	23	自然光照	13.0	14.0	15.0	15.5	16.0
8/15	12/26	10.32	23	自然光照	13.0	14.0	15.0	15.5	16.0
9/15	1/26	10.39	23	自然光照	13.0	14.0	15.0	15.5	16.0
10/15	2/25	11.23	23	11小时连续光照	14.0	14.0	15.0	15.5	16.0
11/15	3/28	12.17	23	12小时连续光照	15.0	15.0	16.0	16.5	17.0
12/15	4/27	13.10	23	13小时连续光照	16.0	16.0	16.0	16.5	17.0

★此纬度地区1月份、2月份、3月份出壳的雏鸡，由于生长期的自然光照时间较长，到19周龄时仅能施行微弱光照的刺激，故建议将这些鸡饲养于密闭鸡舍内

表 5-34 星波罗肉用种鸡开放式鸡舍的光照方案 (北纬 40°)

出壳日期(月/日)	19 周龄		总光照时数(人工光照+自然光照)							
	到达日期(月/日)	自然光照时间(小时.分)	1~3天	4~133天	19周龄	20周龄	21周龄	22周龄	31周龄	32周龄
1/15	5/28	14.44	23	14 小时连续光照	★	16.0	16.0	16.0	16.5	17.0
2/15	6/28	15.05	23	15 小时连续光照	★	16.0	16.0	16.5	17.0	17.0
3/15	7/26	14.38	23	4 天至 14 周龄采用 15 小时光照,14~19 周龄采用自然光照	★	16.0	16.0	16.0	16.5	17.0
4/15	8/26	13.19	23	4 天至 10 周龄采用 15 小时光照,10~19 周龄采用自然光照	16.0	16.0	16.0	16.0	16.5	17.0
5/15	9/25	12.03	23	自然光照	15.0	15.0	15	16.0	16.5	17.0
6/15	10/26	10.44	23	自然光照	13.0	14.0	14.0	15.0	15.5	16.0
7/15	11/25	9.41	23	自然光照	12.0	13.0	13.0	15.0	15.5	16.0
8/15	12/26	9.19	23	自然光照	12.0	13.0	13.0	15.0	15.5	16.0
9/15	1/26	9.57	23	自然光照	13.0	14.0	14.0	15.0	15.5	16.0
10/15	2/25	11.04	23	11 小时连续光照	14.0	14.0	14.0	15.0	15.5	16.0
11/15	3/28	12.21	23	12.5 小时连续光照	15.0	15.0	15.0	16.0	16.5	17.0
12/15	4/27	13.42	23	13 小时 45 分钟连续光照	★	16.0	16.0	16.0	16.5	17.0

★此纬度地区,该月份出壳的雏鸡,由于生长期的自然光照时间较长,到 19 周龄时仅能施行微弱光照的刺激,故建议将这些鸡饲养在密闭鸡舍内

(6)向供种单位了解该鸡种使用疫苗及药物情况 了解其免疫程序，为制定该鸡种一生的免疫程序提供依据。切记凡该鸡种没有的和本地区没有发生过的疫病，此类疫苗不宜接种。国内有些单位使用的免疫程序见表 5-35。

表 5-35 种鸡免疫程序

鸡 龄	疫 苗 种 类	接种方法
1 日龄	马立克氏病疫苗	颈部皮下
10～14 日龄	法氏囊病疫苗	饮 水
3～4 周龄	鸡新城疫Ⅳ系苗	饮 水
10～11 周龄	鸡新城疫Ⅳ系苗	饮 水
18～19 周龄	鸡新城疫Ⅰ系苗	肌 注

该程序中没有接种诸如传染性支气管炎等疫苗，是因为该地区不流行这些病，如果本地区有此类疫病，则应按其发生时期的规律，参照各种疫苗的免疫期限，适时接种。

2. 编制管理计划 根据索取和查阅到的有关鸡种的资料，按照本地区及本场的实际情况编制管理计划。

第一，按照当地日出日落时间及出雏日期，参照表 5-32，表 5-33，表 5-34 等，按图 5-4 的式样绘制生长期光照方案图。

第二，按照各有关饲养要求，编制全期生产管理的总流程表，格式见表 5-36。

表 5-36 肉用种鸡全期生产管理总流程

<table>
<tr><th rowspan="2">密度</th><th rowspan="2">饮水器</th><th rowspan="2">料桶或料槽</th><th rowspan="2">饲料种类</th><th rowspan="2">给饲方式</th><th colspan="2">鸡龄</th><th colspan="2">公</th><th colspan="3">母</th></tr>
<tr><th>周龄</th><th>日龄</th><th>体重（克）</th><th>饲料量（克/只）</th><th>体重（克）</th><th>饲料量（克/只）</th><th>产蛋率（%）</th></tr>
<tr><td></td><td></td><td></td><td></td><td></td><td></td><td></td><td></td><td></td><td></td><td></td><td></td></tr>
</table>

第三，可参照图 5-6 海布罗父母代鸡的管理方案样式，绘制本鸡种的管理方案图式。

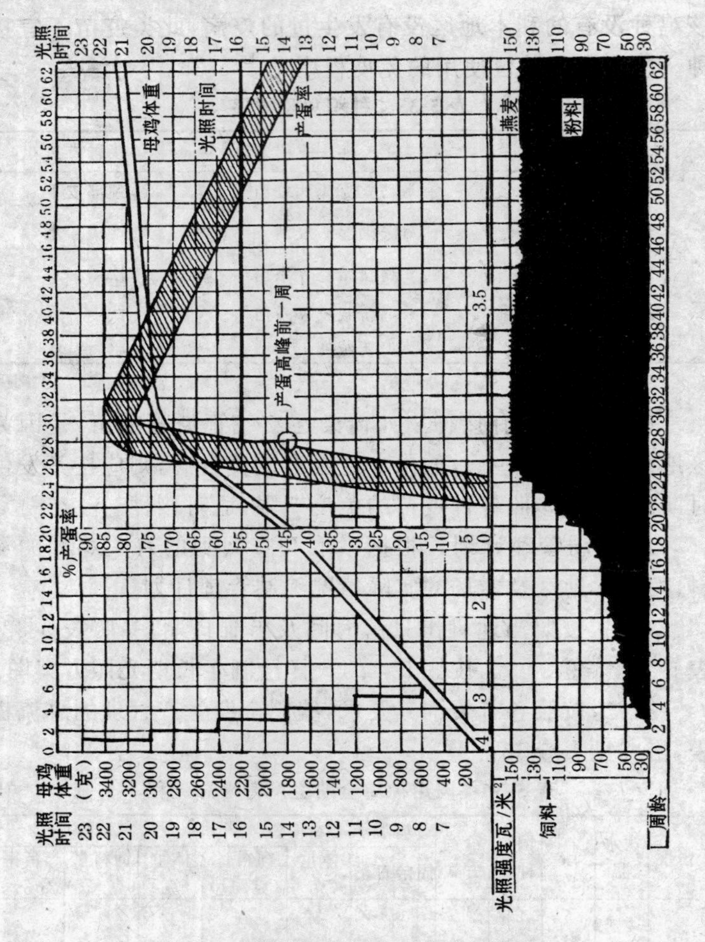

图 5-6　海布罗父母代鸡的管理方案

第四，编制鸡舍、用具、饲料、药品、疫苗、垫料等供应计划。根据鸡舍面积及饲养密度和生产周转计划，可以确定每批及全年的饲养鸡数，在此基础上，按各有关要求分别确定用具、各种饲料、药品、疫苗和垫料等的使用计划。

3. 实施方案中有关细节的分解 种鸡的饲养管理，已分别在种鸡的限制饲养、体重、体形控制、光照管理及日常管理中论及，此处不再重复。育雏技术部分可参见本章肉用仔鸡的育雏一节。现将实施方案中的有关细节分解如下：

(1)将每周的饲料量分解成日投料量 随着日龄的增大，日耗料量也随着增加，所以要将饲养标准给予的周平均每只鸡的采食量，分解成每日的投料量。其方法是将平均数取中心作为每周三的量，前 3 天减，后 3 天加，前 3 天减的量相等于后 3 天加的量，而在上、下周之间取得自然衔接。可参阅某鸡种母鸡 7～10 周间每周耗料的分解(表 5-37)。

表 5-37 每周中各日耗料分解计划 (克/只)

周龄	平均日耗料标准(克)	日	一	二	三	四	五	六
7	58	56.5	57	57.5	58	58.5	59	59.5
8	61	59.5	60	60.5	61	61.5	62	62.5
9	64	62.5	63	63.5	64	64.5	65	65.5
10	67	65.5	66	66.5	67	67.5	68	68.5

(2)称重、记录与计算 在随机选择鸡样本进行个体称重时，样本数不少于鸡群总数的 5%。为消除任意主观意愿，凡用抓鸡框圈进的鸡都应作个体称重。称重记录可按表 5-13 格式进行，有关计算可参见本章中“称重与记录”的计算办法。

(3)体重偏离培育目标时的校正方法

①5～6 周龄分级时分离出较轻个体鸡群的校正方法 参见图 5-7。

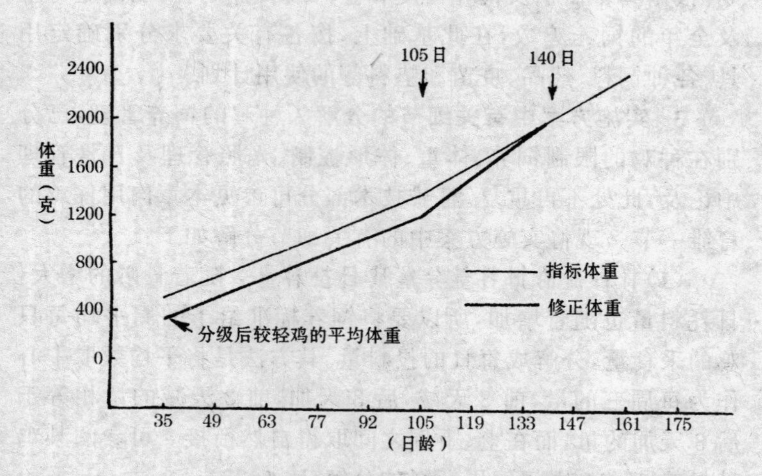

图 5-7　5～6 周龄分级时分离出较轻个体鸡群的校正方法

第一，分级后，从体重轻的群内取得平均体重，在坐标纸上画出 15 周龄（105 日龄）前与指标体重曲线平行的修正体重曲线（图 5-7 中粗线）。105 日龄后逐渐回向 20 周龄（140 日龄）的指标体重，之后按标准体重指标进行饲喂。

第二，无论如何，不要在 15 周龄（105 天）前将鸡群提高到指标体重。

第三，在 15 周龄时提高饲料量 12%，这是使之达到向上改变生长方向的需要。

②鸡群 15 周龄时超过体重而 10～12 周龄时符合体重指标的校正方法　参见图 5-8。

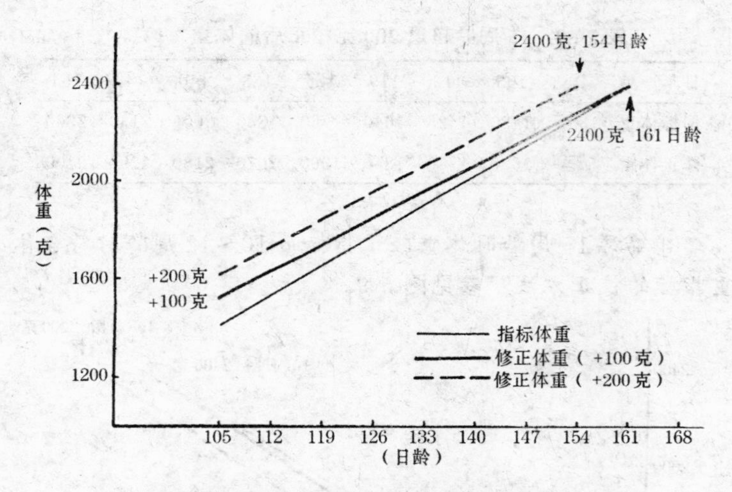

图 5-8　鸡群 15 周龄时超重而 10～12 周龄时符合体重指标的校正方法

a. 超重 100 克的鸡群(见图 5-8 中粗实线)　在坐标纸上从 15 周龄超重 100 克体重至 23 周龄达标准体重 2400 克,重画一修正曲线,此线在各周龄交点处的体重,即为校正后的各周龄应达到的体重(表 5-38)。

表 5-38　15 周龄超重 100 克校正后的体重　(克)

日　龄	105	112	119	126	133	140	147	154	161
指标体重	1420	1525	1640	1760	1880	2005	2130	2260	2400
修正体重	1520	1620	1740	1850	1960	2070	2180	2290	2400

b. 超重 200 克的鸡群(图 5-8 中虚线)　在坐标纸上从 15 周龄超重 200 克的体重至比标准日龄提前 1 周达 2 400 克,重画一修正曲线,此线在各周龄交点处的体重,即为校正后的各周龄应达到的体重(表 5-39)。

表 5-39　15 周龄超重 200 克校正后的体重　（克）

日　　龄	105	112	119	126	133	140	147	154
指标体重	1420	1525	1640	1760	1880	2005	2130	2260
修正体重	1620	1730	1840	1960	2070	2180	2290	2400

③鸡群 15 周龄时体重轻于指标而 10～12 周龄时符合体重指标的校正方法　参见图 5-9。

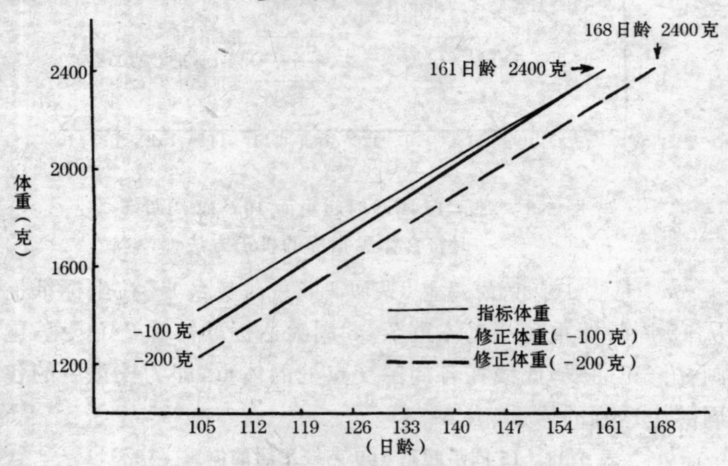

图 5-9　鸡群 15 周龄时体重轻于指标而 10～12 周龄符合体重指标的校正方法

a. 鸡群体重比指标体重轻 100 克的校正方法（图 5-9 中的粗实线）　在坐标纸上以比标准体重轻 100 克为起点至 161 日龄达 2 400 克体重重画一修正曲线，此线在各周龄交点处的体重，即为校正后的各周龄应达到的体重（表 5-40）

表 5-40　15 周龄时体重轻于指标 100 克的校正体重　（克）

日　　龄	105	112	119	126	133	140	147	154	161
指标体重	1420	1525	1640	1760	1880	2005	2130	2260	2400
修正体重	1320	1450	1595	1730	1860	2000	2120	2255	2400

b. 鸡群体重比指标体重轻 200 克的校正方法（图 5-9 中的虚线）　在坐标纸上以比标准体重轻 200 克为起点至标准日龄推迟 1 周（即 24 周）达 2400 克体重，重画一修正曲线，此线在各周龄交点处的体重，即为校正后的各周龄应达到的体重（表 5-41）。

表 5-41　15 周龄时体重轻于指标 200 克的校正体重　（克）

日　　龄	105	112	119	126	133	140	147	154	161	168
指标体重	1420	1525	1640	1760	1880	2005	2130	2260	2400	
修正体重	1220	1350	1490	1610	1750	1880	2005	2150	2280	2400

另外，在 105 日龄增加饲料量 12%，这是达到向上改变生长方向的需要。

④鸡群 18～22 周龄时超重 150 克以上，而在此之前符合指标体重的校正方法　参见图 5-10。

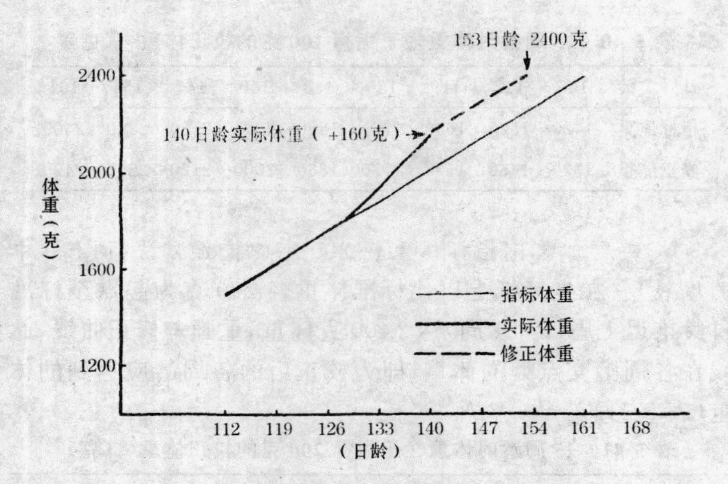

图 5-10　鸡群 18～22 周龄时超重 150 克以上而在此之前符合指标体重的校正方法

首先，计算实际超重时的日龄与指标体重应达到的日龄，其间相差多少天。如图 5-10 中粗实线至 140 日龄时的实际体重是2 165克，而此体重恰好是 148 日龄时的指标体重（见图 5-10 中的细实线），其间的差数（即 148－140＝8）就是实际体重，已提前 8 天时间达到了指标体重的要求。

其次，从原定 161 日龄达到 2 400 克体重的日龄中减去上述提前的天数，就是修正以后达到 2 400 克体重的新的日龄，即 161－8＝153 日龄。

再次，从 140 日龄的实际体重至达到 2 400 克的修正日龄间形成一条新的修正曲线（图 5-10 中的虚线），其与各周龄的交点处，为重新校正后的体重要求。

⑤鸡群 18～22 周龄体重轻 150 克以上，而在此前符合体重指标的校正方法　参见图 5-11。

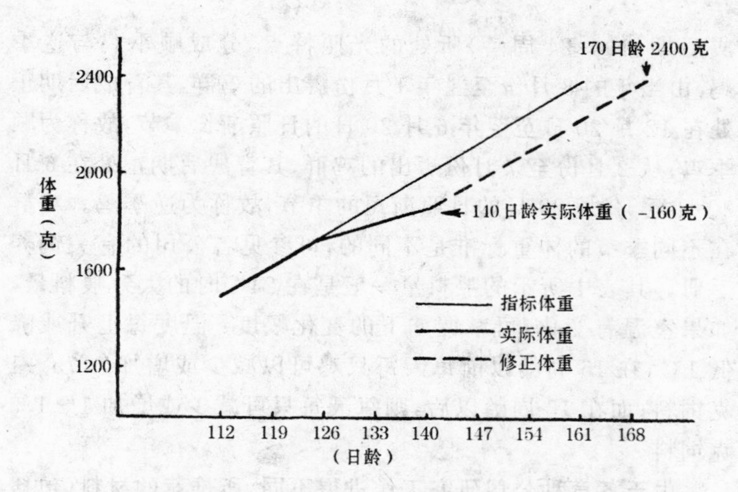

图 5-11　鸡群 18～22 周龄时过轻而此前符合体重指标的校正方法

首先，计算形成过轻体重的该日龄较之该实际体重当作指标体重情况时的日龄，其间落后了多少天。如图 5-11 中粗实线至 140 日龄时的实际体重是 1845 克，而此体重恰好是 131 日龄时的指标体重（见图 5-11 中的细实线），其中的差数（140－131＝9）就是实际体重在落后 9 天时间才达到指标体重的要求。

其次，从原定 161 日龄达到 2 400 克体重的日龄，加上上述落后的天数就是修正以后达到 2 400 克体重的新的日龄，即 161＋9＝170 日龄。

最后，从 140 日龄的实际体重至达到 2 400 克的修正日龄间形成一条新的修正曲线（见图 5-11 中的虚线），其与各周龄的交点处，就是重新校正后的体重要求。

（4）按具体情况进行体重与料量的调整　由于季节的变化对鸡群育成期的体重标准有一定的影响，故可根据鸡群育成后期（19～24 周龄）所处的光照特点，分成顺季鸡与逆季鸡，由当年的 8 月份至翌年 1 月份孵出的鸡群，其育成后期正处在 12 月 20 日至翌年 6 月 20 日的日照渐长季节，故称为顺季鸡；从 2 月份至 7 月份孵出的鸡群，其育成后期正处在 6 月 20 日至 12 月 20 日的日照渐短的季节，故称为逆季鸡。鸡群在不同季节的体重标准是不同的，可参见各公司的有关饲养手册。其表中所示的喂料量一般是在 24℃时的大致喂料量，如果室温有变化，可掌握如下的变化幅度：温度每上升或降低 1℃，在 15 周龄以前每天每只鸡可以减少或增加 0.75～1 克饲料；而在 15 周龄以后，则每天每只可减少或增加 1～1.5 克饲料。

由于各育种公司研究工作进展不同，所推荐的材料（包括体重及料量）有一定的滞后性，不可能包含了所有有关技术的最新进展。因此，在具体给料时，除参照资料给定的标准外，还必须根据该鸡群上一周龄增重情况、近两周的增重趋势和增料幅度以及有无疾病、应激强度等适当调整给料量。切忌死搬硬套。

四、肉用仔鸡的育雏和肥育技术

（一）肉用仔鸡的育雏

肉用仔鸡从雏鸡到出售，一般分为育雏期和肥育期两个阶段。育雏期一般是 3～4 周龄，这个时期是给温期，也就是借助于供暖维持体温的生长初期；肥育期是从 3～4 周龄到出售（8 周龄左右），此期最重要的是以通风换气为主的饲养管理。

育雏和肥育一样，都是养鸡的关键时期，不管是肉用种鸡还是肉用仔鸡,其最佳生产力取决于幼雏生长初期的良好发育,只有满足了雏鸡舒适和健康的基本需要,才可能成功地培育出有高产潜力的后备种鸡或肉用商品仔鸡。

1. 育雏的方式 为满足雏鸡舒适和健康的基本需要,育雏期间的基本条件就是安装有温度调节设施的鸡舍。尽管育雏方式有多种多样,但就其饲养方式来说,不外乎平面饲养和立体饲养两种。就其给温方式来说,归纳起来有 3 种类型:一是将热源安装在小鸡的上方(简称上方热源)一定的高度,通过辐射热使小鸡取暖,如保姆伞的加温方式;二是将热源安装在小鸡的下方或在地面以下(简称下方热源),热向上发散,通过传导和对流,使小鸡的腹部乃至全身获得温暖,如地下烟道育雏等方式;三是将热源安装在室内,通过加热室内空气使全室温度上升,如烧煤炉、鼓热风等。不同的饲养方式,各有利弊。常见的育雏和给温方式见表 5-42。

表 5-42 常见的育雏和给温方式

饲养方式		上方热源	下方热源	整室加温
平面饲养	地面平养	保姆伞、红外线、远红外	地下烟道、电热毯、地下暖管	煤炉
	平面网上饲养		地下烟道	热水管、鼓热风、煤炉
立体饲养	笼养		地下烟道	热水管、鼓热风、煤炉

(1)平面饲养 地面平养由于设备投资少,简单易行,操作方便,便于观察,能较好地减少胸囊肿的发生,是目前国内外普遍采用的饲养方式。平面饲养的给温方式有如下几种:

①地下烟道　这种供热装置的热源来自雏鸡的下方，可使整个床面温暖，雏鸡在此平面上按照各自需要的温度自然而均匀地分布，在采食、饮水过程中互不干扰，小鸡排在床面上的粪便中的水分可很快被蒸发而干燥，有利于降低球虫病的发生率。此外，这种地下供温装置散发的热首先到达小鸡的腹部，有利于雏鸡体内剩余卵黄的吸收。而且这种热气在向上散发的同时，可将室内的有害气体一起带向上方，即使为排除污浊气体打开育雏室上方窗户，也不至于严重影响雏鸡的保温。这种热源装置大部分是采用砖瓦泥土结构，花钱少，在农村容易推广。人们在实践中对地下烟道地面育雏予以肯定，认为其优点是：

第一，由于土层可起缓冲热的传导作用，当火烧旺时，热量不会立即传导到地面，炉火熄灭时，土层也不会立即冷却。所以，床面的温度散发均匀，地面和垫料暖和。由于温度由地面上升，小鸡腹部受热较为舒适，有利于小鸡的健康，对预防雏鸡白痢病也有较好的效果。

第二，由于地面水分不断蒸发而使垫料保持干燥，湿度小，有利于控制球虫病的发生。

第三，节省能源。烧煤的成本要比用电成本低。而地下烟道要比煤炉育雏的煤耗量至少可节省 1/3。在开始升温时耗煤较多，一旦温度达到要求，其维持温度所需要的煤成本要少于其他供温方法。

第四，有利于保温和气体交换。由于没有煤炉加温时的煤烟味，大大提高了室内空气的新鲜程度。

第五，由于是加温地面，因此育雏室的实际利用面积扩大了，方便了饲养人员的饲养操作和对鸡群的观察。

第六，设备开支要比其他各种供温方式少。

由于有上述优点，这种地面育雏方式已被许多中、小型鸡场及较大规模的专业养鸡户所采用。在设计地下烟道时，烟道进口处的口径要大些，走向出烟口应逐渐变小，而且烟道进口处要置于较低位置，出口处的位置应随着烟道的延伸而逐渐升高，这样有利于暖气流通和排烟。

②地下暖管　是在育雏室地坪下埋入循环管道，管道上铺盖导热材料。管道的循环长度和管道的间隔应根据育雏室大小的需要而设计。其热源可用暖气或工业废热水循环散热加温，后者可节省能源和降低育雏成本，较适于在工矿企业附近的鸡场采用。

采用地下暖管方式育雏的，大都在地面铺10～15厘米厚的垫料，多使用刨花、锯末、稻壳、切短的稻草，有的铺垫米糠(用后可连同鸡粪一起喂猪)。垫料一定要干燥、松软、无霉变，且长短适中。为防止垫料表面的粪便结块，可适当地用耙齿将垫料抖动，使鸡粪落入下层。一般在肉鸡出场后将粪便与垫料一次性清除干净。

③保姆伞　其热源来自小鸡上方。它可用铁皮、铝板或木板、纤维板，也可用钢筋骨架和布料制成伞形，热源可用电热丝、电热板，也可用液化石油气燃烧供热，伞内应有控温系统。在使用过程中，可按不同日龄鸡对温度的不同要求来调整调节器的旋纽。伞的边缘离地高度相当于鸡背高的2倍，雏鸡能在保姆伞下自由活动。伞内装有功率不大的吸引灯日夜照明，以引诱幼雏集中靠近热源，一般经3～5天待雏鸡熟悉保姆伞后，即可撤去吸引灯。在伞的外围用苇席围成小圈，暂时隔成小群，随着日龄增长，围圈可由离保姆伞边缘60厘米逐渐扩大到160厘米，到1周左右可拆除。地面与上述两种育雏方式一样，也应铺垫料。保姆伞育雏的优点是，可以人工调节控制

温度，升温较快而且平稳，室内清洁，管理也较方便。但要求室温在15℃以上时保姆伞工作才能有间歇，否则因持续保持运转状态有损于它的使用寿命。保姆伞外围的温度，尤其在冬季和早春显然不利于雏鸡的采食、饮水等活动，因此，通常情况下需采用煤炉来维持室温。这样以两种热源相配合来调节育雏室内的温度，使保姆伞可以保持正常工作状态，而育雏室内又有温差（保姆伞内外），但不会过高或过低，有利于雏鸡的健康成长。这种方式育雏的效果相当好，已为不少鸡场所采用。

④红外线灯　使用红外线灯，可悬挂于离地面45厘米高处，若室温低时，可降至离地面35厘米处，但要时常注意防止灯下局部温度过高而引燃垫料（如锯末等），并逐步提升挂灯的高度。据称，每盏250瓦的红外线灯保育的雏鸡数为：室温6℃时70只，12℃时80只，18℃时90只，24℃时100只。采用此法育雏，在最初阶段最好也应用围篱将初生雏鸡限制在一定的范围之内。此法灯泡易损，而且耗电量也大，费用支出多。

来自小鸡上方的热源，不管用不用反射罩，小鸡总是靠辐射热来取暖的，由于这种装置除了保温区外，辐射热很难到达保温区以外的地面，尤其在寒冷的冬季，如不采用煤炉辅助加温，而单靠上方热源是很难提高室温的。小鸡始终挤在辐射热的保温区内，容易引起挤压死亡。

⑤煤炉　不少养鸡户利用煤炉加热室温的方式。煤炉可用铁皮制成，或用烤火炉改制。炉上应有铁板或铸铁制成的平面盖，炉身侧面上方留有出气孔，以便接通向室外排出煤烟的通风管道。煤炉下部侧面（相对于出气孔的另一侧面）有一进气孔，应有用铁皮制成的调节板，由进气孔和出气管道构成吸风系统，由调节板调节进气量以控制炉温。出气管道（俗称炉筒）的散热过程就是对室内空气的加热过程，所以，在不妨碍

饲养操作的情况下，炉筒在室内应尽量长些。炉筒由炉子到室外要逐步向上倾斜，到达室外后应折向上方且超过屋檐口为好，以利于烟气的排出。否则，有可能造成烟气倒逸，致使室内烟气浓度增大。煤炉升温较慢，降温也较慢，所以要及时根据室温添加煤炭和调节进风量，尽量不使室温忽高忽低。它适用于小范围的育雏。在较大范围的育雏室内，常常与保姆伞配合使用，如果单靠煤炉加温，尤其在冬季和早春，要消耗大量的煤炭，还往往达不到育雏所需要的温度。

⑥平面网上饲养的供温　平面网养可使鸡与粪便隔离，有利于控制球虫病。网眼大小一般不超过 1.2 厘米×1.2 厘米，可用铁丝网或特制的塑料网板，也可用竹子制成网板。其加温方式可采用地下烟道式，也可采用煤炉、热气鼓风等方式整室加温。

(2)立体饲养　立体饲养主要是笼养。育雏笼由笼架、笼体、食槽、水槽和承粪盘组成。笼的式样可按房舍的大小来设计，留出饲养人员操作的空间。一般笼架长 2 米，高 1.5 米，宽 0.5 米，离地面 30 厘米，共分 3 层，各层高 40 厘米，每层可安放 4 组笼具，上、下笼之间应留有 10 厘米的空隙放承粪盘。笼底可用铁丝制成网眼不超过 1.2 厘米×1.2 厘米的底板。笼养的育雏室内，加温的办法较多，可用暖气管、热水管加热，也可用地下烟道或室内煤炉加温。笼养的好处在于：①有效地提高鸡舍面积的利用率，增加饲养的密度；②节省垫料和热能，降低生产成本；③提高劳动生产率；④有利于控制球虫病的发生和蔓延。但笼养(含地面网养)使肉用仔鸡患腿病和胸囊肿病的比率增加，为减轻这些弊病，可运用具有弹性的塑料笼底。国外已有从初生雏直到出场都饲养在同一笼内的塑料鸡笼，出售时连笼带鸡一起装去屠宰场，宰杀后将鸡笼严格消毒后再运回，这样可大大节省劳力。

育雏的方式，在生产中多种多样，如“先地后笼”，即育雏时期在地面，肥育时期上笼，这样育雏室面积可缩小，有利于保温。到肥育期，鸡体增大，饲养面积要扩大，此时也是球虫病易发时期，所以这时上笼既可缩小占用房舍建筑面积，提高房舍的利用率，又可以节省垫料和减少球虫病的威胁。

也有的专业户利用夏天的温暖气候（尤其在南方）采用棚、舍结合的办法，在舍内育雏，中雏后移至大棚中饲养。由于大棚结构简单，房顶可用石棉波形瓦和油毡等铺盖，棚的四周可用铁丝网或竹篱笆围起，早春时可覆盖塑料薄膜保温，这样可以就地取材，投资少，见效快。但这只是在原始资本积累初期的权宜之计。

在使用能源方面，群众中亦有不少创造，如江苏省有的农村利用锯末作燃料，用大型油桶制成似吸风装置的煤炉，在装填锯末时，在炉子中心先放一圆柱体，然后将锯末填实四周，压紧后将圆柱体拔出，使进风口至出气管道形成吸风回路，然后在进风口处引燃锯末，关小进风口让其自燃。这样发热均匀，可以解决能源比较紧张地区的燃料困难，也节省开支。使用这种锯末炉的关键是要将锯末填实，否则锯末塌陷易熄火。

不论何种饲养方式，肉用仔鸡都要采用“全进全出”的生产方式。同一批肉用仔鸡，同一天进雏，同一天出售，之后对全部养鸡设施做彻底的消毒处理，并使鸡舍有 14 天左右的空舍时间，完全中断了各种疫病的循环传播环节。由此而带来的是，每批雏鸡的育雏都可以有一个“清洁的开端”。

2. 雏鸡的饲养与管理 育雏期是肉用仔鸡整个饲养过程中的一个关键阶段。在了解肉用仔鸡的生理特点、生活习性和营养需求的基础上，就能自如地做好接雏前的准备工作，为雏鸡创造一个良好的环境，给予周到的护理，使肉用仔鸡能按预期的目标增重，以提高经济效益。

(1)饲养的基本条件　见表5-43。

表 5-43　肉用仔鸡饲养的基本条件

基本条件	具体要求
饲养密度	初孵雏40～50只/米^2，1周龄30只/米^2，2周龄25只/米^2，3周龄20只/米^2，5周龄18只/米^2，6周龄15只/米^2，8周龄10～12只/米^2，出售前30～34千克/米^2
饲　　槽	第一周每100只雏鸡需要1个饲料盘或每100只雏鸡需要3米长两边可用的饲料槽，每鸡槽位约6厘米。每100只鸡2个圆形吊桶
饮水器	每100只雏鸡需4升容量的饮水器1个，如用水槽，则每只鸡占位2厘米
保姆伞	每个2米直径的保姆伞可容纳500只雏鸡
围　　篱	高度45～50厘米，随鸡龄增大及季节变化，放置于保姆伞边缘60～160厘米处

(2)进雏前的准备工作

①饲养计划的安排　应根据鸡舍面积，并考虑是同一鸡舍既作育雏又作肥育用，还是育雏与肥育分段养于不同鸡舍，然后按照饲养密度计算可能的饲养数量。根据饲养周期的长短，确定全年周转的批次。订购雏鸡应选择鸡种来源质量可靠的单位，在饲养前数月预订，以保证按商定的日期准时提货。

②饲料的准备　为了满足肉用仔鸡快速生长的需要，应按照有关饲料配方配置全价饲料。有关公司都有肉用仔鸡的

饲粮营养标准，表 5-44 是星波罗肉用仔鸡的饲粮营养标准。

表 5-44　星波罗肉用仔鸡饲粮营养标准

营　养　指　标	1～4 周	5～8 周
代谢能（兆焦/千克）	12.93	13.39
粗蛋白质（%）	23	20
钙　　　（%）	1.0	1.0
磷（可利用磷）（%）	0.4	0.4
粗脂肪　（%）	3～5	3～5
粗纤维　（%）	2～3	2～3
赖氨酸　（%）	1.20	1.00
蛋氨酸　（%）	0.47	0.40
胱氨酸　（%）	0.37	0.32
蛋氨酸＋胱氨酸（%）	0.84	0.72
色氨酸　（%）	0.23	0.20

我国有些地区限于饲料资源、饲粮中的能量、蛋白质水平达不到高标准，也可采用较低能量和蛋白质水平的饲粮，表 5-45 中所列的是各阶段不同原料组配的饲料配方。

表 5-45 肉用仔鸡饲料配方 （%）

	饲料与指标	1～4周			5周到出栏		
		配方 1	配方 2	配方 3	配方 4	配方 5	配方 6
选用原料	玉米	54.5	56.5	58.0	55.0	59.0	68.0
	麦麸	8.2	7.2	6.7	5.5		3.5
	米糠	—	—	—	4.7	—	—
	碎小麦	5.0	5.0	3.0	—	8.0	—
	油脂	—	—	—	3.0	3.0	—
	大豆饼	25.0	16.0	15.0	18.5	20.7	18.2
	棉籽饼	—	5.0	—	3.5	—	—
	菜籽饼	—	—	5.0	—	—	—
	鱼粉	5.0	8.0	10.0	7.5	7.0	8.0
	骨粉	1.5	1.5	1.5	1.5	1.5	1.5
	添加剂*	0.5	0.5	0.5	0.5	0.5	0.5
	盐	0.3	0.3	0.3	0.3	0.3	0.3
	合计	100.0	100.0	100.0	100.0	100.0	100.0
营养指标	代谢能（兆焦/千克）	12.13	12.13	12.18	12.64	12.64	12.64
	粗蛋白质	20.20	19.90	20.60	19.60	19.20	19.00
	粗纤维	3.40	4.00	3.90	4.00	2.53	2.72
	钙	0.88	0.97	1.06	0.96	0.93	0.97
	磷	0.32	0.34	0.36	0.34	0.34	0.34
	赖氨酸	1.09	1.03	1.14	1.07	1.04	1.03
	蛋氨酸	0.79	0.86	0.79	0.65	0.61	0.65

* 添加剂由复合维生素、微量元素和蛋氨酸组成

一般专门化品系的肉用仔鸡，都有每周龄消耗饲料量的标准。表 5-46 是海布罗肉用仔鸡每周的饲料消耗量。

表 5-46　海布罗肉用仔鸡饲料消耗量

周　龄	每1000只鸡的饲料量(千克)		
	天	周	累　计
1	13	91	91
2	41	287	378
3	68	476	854
4	89	623	1477
5	108	756	2233
6	118	826	3059
7	134	938	3997
8	150	1050	5047
9	164	1148	6195

如果自行配制饲料，根据饲料配方、每周的饲料消耗量及饲养量，可以大致计算出每种饲料原料的需要量。如果购买市售配合饲料，必须了解配合饲料的能量与粗蛋白质的含量以及配合饲料的质量，谨防购进假冒鱼粉、伪劣饲料和发霉变质饲料。

③育雏室及用具的准备　肉用仔鸡的饲养，为时极其短暂，不论采用何种饲养方式，都处于大群密集的状态，因此，一旦病原体侵入，其传播速度是极其快的，往往会引起全群发病，一般至少会降低生长速度15%～30%，严重的则造成死亡，导致经济亏损。所以，饲养肉用仔鸡必须严格隔离，而且在每批肉鸡出售后，必须立即清除鸡粪、垫料等污物。由于残留污物会降低消毒药物的效力，所以消毒前要用水洗刷，特别是饲养室地面、墙壁、门窗、用具上残存的粪迹，可用动力喷雾器来冲刷。室内墙壁可用10%的生石灰乳刷白，地面可用煤酚皂或其他消毒剂消毒，同时将所有用具，如饮水器、食槽、开食

盘、齿耙、锹、秤、水桶等用3%来苏儿液浸泡消毒,再用清水冲洗干净,晒干备用。在此基础上,检查和维修好所有的设备,并将上述用具及备用物品、垫料、保姆伞、煤炉及其管道、围栏、灯泡、温度计、扫把、雏鸡箱等密封在育雏室内(要用纸条封住缝隙)。按每米^{3}用42毫升福尔马林和21克高锰酸钾的比例计算好用量进行熏蒸消毒*。熏蒸消毒时必须要有较高的温度和相对湿度,一般要求温度不低于20℃,相对湿度为60%~80%。

育雏室门口要配备消毒池,饲养人员进出育雏室和鸡舍要更换衣、帽、鞋,用2%新洁尔灭溶液洗手消毒。

④试温　雏鸡进舍前2~3天,育雏室、保姆伞和其他保温装置要进行温度调试,检查一切设施运转是否正常,以免日后正式使用时经常出现故障而影响生产。由于墙壁、地面都要吸收热量,所以,必须在雏鸡入舍前36小时将育雏室升温(尤其在冬季更是如此),使整个房舍内的温度均衡。

⑤垫料等用具的安放　进雏前先铺5厘米厚的垫料,要求垫料干燥、清洁、柔软、吸水性强、无尖硬杂物,切忌使用霉烂、结块的垫料。全部用具应按图5-12所示各就各位。在保姆伞周围间隔放置饮水器与饲料盘。

(3)雏鸡的饲养

①雏鸡的运输与安置　雏鸡的运输参见第三章(第64~66页)相关内容。

雏鸡到达目的地后,应迅速搬进育雏室,最好能按强弱分

---

* 密封后,在地面可适当洒水,提高空气湿度,增强福尔马林的消毒作用。然后在适当的容器内,先倒入少量水,接着将计算好的福尔马林倒入,再倒入高锰酸钾,随即关门。为节省开支,也可不加高锰酸钾而用火加热,使福尔马林在短时间内蒸发,但要防止失火!在密封1天后,打开门窗换气

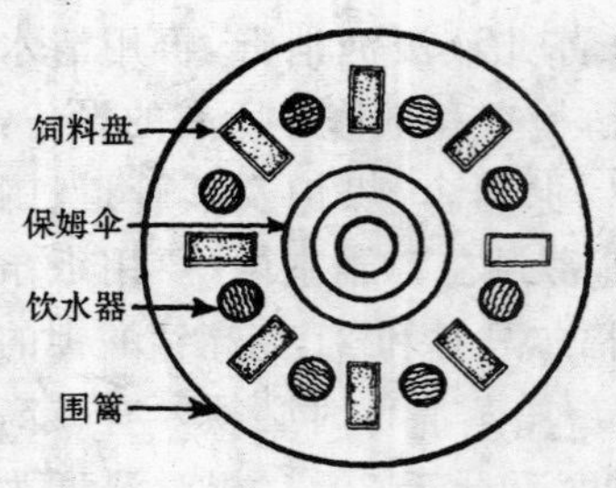

图 5-12 围篱内的器具放置

群，将弱雏放在室内温度较高的地方饲养。

长途运输后的雏鸡，可及时滴灌药水（由 0.05 克土霉素 1 片加温水 10 毫升配成），每只鸡用眼药水瓶滴灌 2～3 滴，每灌 1 滴，都要等它咽下去后再灌。滴灌的好处在于：一是补充初生雏鸡体内的水分，防止失水；二是有助于初生雏鸡排出胎粪，增进食欲；三是有助于吸收体内剩余的卵黄，促进新陈代谢；四是预防疾病。

②饮水　必须让雏鸡迅速学会饮水，最好在雏鸡出壳后 24 小时内就给予饮水。由于初生雏鸡从较高温度和湿度的孵化器中出来，又在出雏室内停留，加上途中运输，其体内丧失的水分较多，所以，适时地饮水可补充雏鸡生理上所需要的水分，有助于促进雏鸡的食欲，软化饲料，帮助消化与吸收，促进胎粪的排出。鸡体内含有 75%左右的水分，在体温调节、呼吸、散热等代谢过程中起着重要作用，产生的废物如尿酸等也要由水携带排出。延迟给雏鸡饮水会使其脱水、虚弱，而虚弱的雏鸡就不可能很快学会饮水和吃食，最终生长发育受阻，增重缓慢，变为长不大的“僵鸡”。

初生雏第一次饮水称为“开水”，一般开水应在“开食”之前。雏鸡出壳后不久即可饮水，水温以 16℃以上为好。在雏鸡入舍安顿好后，稍事休息，在 3 小时内可让其饮 5%葡萄糖和 0.1%维生素 C 的溶液，也可饮用 ORS 补液盐（即 1 000 毫升水中溶有氯化钠 3.5 克、氯化钾 1.5 克、碳酸氢钠 2.5 克及葡萄糖 20 克），以增强鸡的体质，缓解运输途中引起的应激，促进体内有害物质的排泄。有材料表明,这种补液供足15小时,可降低第一周内雏鸡的死亡率。在第二周内宜饮温开水,可按规定浓度加入青霉素或高锰酸钾,有利于对一些疾病的控制。

为了保证开水的成功,若1个育雏器(如保姆伞)饲育500只雏鸡,在最初1周内应配置10只以上的小号饮水器,放置于紧挨保姆伞边缘的垫料上。为防止垫料进入饮水器的槽内而堵塞出水孔,在饮水器下面可放置旧报纸,让雏鸡站在旧报纸上饮水。随着鸡龄的增大,撤去报纸,用砖等垫在下方。饮水器放置的高度与食槽一样,应逐步升高,其缘口应比鸡背高出2厘米(图5-13)。在撤换小号饮水器或其他饮水器时,应先保留部分以前用过的小号饮水器,逐步撤换。另外,要注意饮水器的使用情况,避免发生故障而弄湿垫草,造成氨气浓度升高和诱发球虫病及其他细菌性疾病。为保证开水的成功,除应配置较多的饮水器外,还应增大在开水期间的光照度。

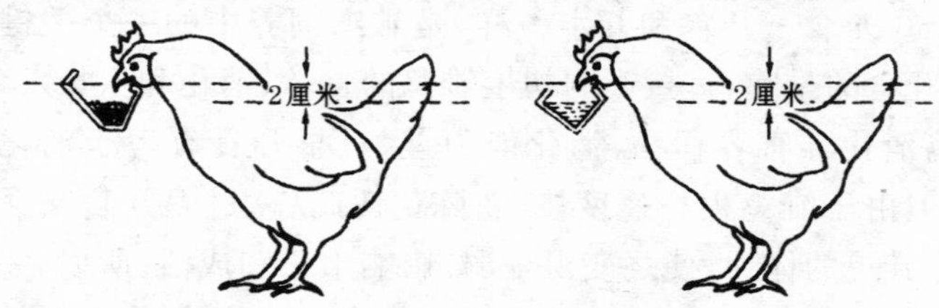

图5-13 饲料槽(左)及饮水器(右)的安放高度

在通常的情况下,肉鸡的饮水量是其采食量的1～2倍。表5-47是塔特姆肉鸡的饮水量及采食量。

表 5-47 塔特姆肉鸡各周龄每天的饮水量及采食量

周 龄	1	2	3	4	5	6	7	8	9
水(升/1000只)	34	53	76	95	121	151	178	204	219
料(千克/1000只)	16	35	42	62	84	93	140	153	181

雏鸡生长愈快,需水量愈多,如果饮水量突然下降,往往是发生疾病的预兆。所以,如能每天记载肉鸡的饮水量,监测它的变化情况,有助于早期发现鸡群可能发生的病态变化。

雏鸡一旦饮水以后,不应再断水。要检查饮水器出水孔处有无垫料等异物堵塞,以免造成断水。如果断水时间较长,当雏鸡再看见水后,由于口渴狂饮,喝水过多会造成腹泻致死。也有的拼命争水喝而弄湿了绒羽,雏鸡觉得冷了又挤在一起,结果由于忽冷忽热和挤压,易造成死亡或引发疾病。

③开食 开食和开水一样,是雏鸡饲养中的一个关键环节。开食的早晚,直接影响初生雏鸡的食欲、消化和生长发育。雏鸡消化器官容积小,消化能力差,过早开食有害于消化器官,但由于雏鸡生长速度快,新陈代谢旺盛,过迟开食又会消耗尽雏鸡的体力,使之变得虚弱,影响生长和成活。所以,一般开食应在出壳后24～36小时之间。实际饲养时,在雏鸡饮水2～3小时后,有60%～70%的雏鸡可随意走动,并用喙啄食地面,有求食行为时,应及时开食。

开食最好能安排在白天。训练开食时,要增加光照的强度,使每只雏鸡都能见到饲料。饲养人员嘴里发出呼唤声,同时从手中将饲料慢慢地、均匀地撒向饲料盘内或旧报纸上,边撒、边唤,诱鸡吃食,开始有几只雏鸡跑来抢吃,随后多数雏鸡跟着来吃食。此时,饲养人员要注意观察,将靠在边上不吃食的雏鸡捉到抢食吃的雏鸡中间去，这样不会吃食的鸡也慢慢地学会吃食了。每次饲喂时间30分钟左右，检查雏鸡的嗉囊约有八成饱后可停止撒料，减少光照强度使之变暗，或挡上窗帘，使雏鸡休息。以后每隔1～2小时再喂1次。这样，在当天就可全部学会啄食。一般3日龄内，每隔2小时喂1次，夜间可停食4～5小时。3日龄后可逐渐减少喂食次数，但每天不得少于6次。有条件的，可采用破碎的颗粒饲料，既可刺激鸡的食欲，又保证了全价营养，同时减少了饲料浪费。以后则开始正常的饲喂。第一天开食尽量使雏鸡都能学会啄食，吃到半饱，否则将影响其生长和发育及群体的整齐度。个别不吃食的鸡，还要进行调教，可增加5%葡萄糖水滴灌。

从第二、三天开始，间断往饲料槽内加饲料，以吸引雏鸡逐渐适应在饲料槽采食，同时逐渐撤去饲料盘，1周内至少还得保留1～2个饲料盘。以后所用食槽的数量可参照饲养基本条件的要求安排，以充分满足肉鸡采食的需要。

(4)雏鸡的管理

①保持合适的温度　雏鸡长到15～20日龄，其体内温度调节功能的发育渐趋完善，这时才能保持体温处在恒定的状态，如果在此之前保温设施达不到雏鸡对外界温度的要求，雏鸡不但不能正常生长，而且也难于存活。

刚出壳的雏鸡，腹部还残留着尚未被吸收的蛋黄，在出壳后3～7天内，其所需的营养主要来自于这些剩余蛋黄，如果雏鸡腹部得到适宜的温度，将有助于剩余蛋黄的吸收，从而增强雏鸡的体质，提高成活率，尤其在孵化不良而弱雏较多的情况下，提高育雏的温度更有好处。

鉴于以上原因，保持合适的温度乃是育雏的关键。育雏的温度包括育雏室和育雏器的温度，而室温比育雏器的温度要低，这样就形成一定的温差，使空气发生对流。比较理想的育雏环境温度应有高、中、低之别。如以保姆伞育雏而言，其室温低于伞边缘处温度，而伞边缘处温度又低于伞内，这种“温差育雏”的方法具有育雏空间大，且由于温差的原因，促使空气对流，达到空气新鲜，也使雏鸡能自由选择适合自己需要的温度，如虚弱的雏鸡可以选择温度较高的地方。采用此法，可锻炼提高鸡群抗温度变化和抗应激的能力。

关于育雏的温度，大多认为在入雏第一周内的温度最重要，尤其是前 3 天的温度可稍稍定得高些。采用保姆伞育雏时，伞内的温度第一周为 35℃～32℃。室内远离热源处应保持在 26℃～21℃为宜。测温应在保姆伞的边缘距垫料 5 厘米高处，也就是相当于雏鸡背部水平的地方，用温度计测量。测量室温的温度计应挂在距离保姆伞较远的墙上，高出垫料 1 米处。随着周龄的增长，育雏温度可按每周下降 3℃进行调整，直到伞温与室温相同为止。在整个育雏期间，必须给雏鸡创造一个平稳、合适、逐渐过渡的环境温度，切忌温度忽高忽低。表 5-48 是育雏期内各周比较合适的温度。

表 5-48　育雏温度

周　龄	育雏器温度(℃)	室内温度(℃)
0～1	35～32	24
1～2	32～29	24～21
2～3	29～27	21～18
3～4	27～24	18～16
4 周以后	21	16

育雏期间的温度控制，应随季节、气候、育雏器种类、雏鸡体质等情况灵活掌握。例如：夜间外界温度低，雏鸡休息睡眠

时育雏器的温度应比白天提高 1℃；外界气温高时，育雏器温度可稍低些，天气冷时稍高些；弱雏多时应高些；有疾病时应高些；冬季宜高些，夏季宜低些；阴雨天宜高些，晴天宜低些。

从育雏的第一周龄起，应用竹篾或芦席等做成高 45～50 厘米的围篱沿着保姆伞周围围起来，防止刚出壳的雏鸡远离热源不知返回而受凉，使之局限在保温区域，容易采食和饮水。围篱与保姆伞边缘之间的距离，一般夏季为 90 厘米，冬季为 70 厘米。待雏鸡习惯到热源处取暖后，就可以将围篱的范围逐渐向外扩展，使雏鸡有更大的活动场所。一般在 3 天后开始扩大，到 6～9 天就可以拆除围篱。使用其他热源的，也要以热源为中心，适当地将雏鸡围起来（如热源为煤炉，则应将煤炉周围用砖砌起来，防止雏鸡进入煤炉附近而烧焦），尤其是房屋的死角处，要用围篱靠墙壁边缘围起来，消灭死角，以免雏鸡在死角处拥挤堆压而死。

保姆伞一般都附有温度调节器，为保证其正常工作，在饲育雏鸡之前，先检查其性能。育雏期间各周龄要求的适宜温度范围都已列于表 5-48 中，室内又有温度计指示，但由于温度计有时会失灵，再加之鸡群本身情况及环境变化多端，因此，完全依赖温度计来判断育雏的用温是否正确是不行的，还应该根据雏鸡的动态来判断用温是否合适，尤其是观察其睡眠状态。温度适宜时，雏鸡精神活泼，食欲良好，夜间均匀散布在育雏器（热源）的四周，舒展身体，头颈伸直，贴伏于地面熟睡，无特异状态和不安的叫声，鸡舍极其安静。温度低时，雏鸡聚集在一起或靠近热源，叫声尖而短，拥挤成堆，喂料时鸡群不敢走出来采食。温度高时，雏鸡远离热源，张口喘气，大量饮水，脚、嘴充血发红。如果育雏室有贼风时，雏鸡挤在背风的热源一侧（图 5-14）。

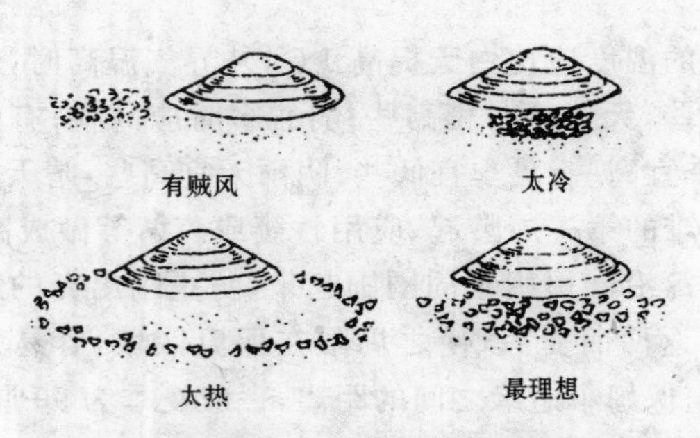

图 5-14　依据雏鸡分布情况判断温度是否适当

当室外温度很低、室内热源散发的余热又不可能使育雏室内维持足够高的温度而使雏鸡感到不舒适时，可采用紧靠围篱外边缘，从近天花板处吊挂塑料薄膜帘子垂直接近地面的办法，将幼雏时期使用的房舍面积隔小；也可将热源置于鸡舍的中间，让两端空着。这样缩小了育雏的空间，既可提高局部空间的温度，又可减少燃料的消耗。

保证育雏所需的温度，还必须使温度恒定，不能忽高忽低。强调保温时，决不能忽视空气的流通，还要注意保持室内空气新鲜。饲养人员可凭感觉测定，当进入鸡舍闻到刺鼻的氨味或浓厚的碳酸气味时，应打开门窗更换空气，但不能使冷风直接吹到雏鸡身上，应使风通过各种屏障减慢流速，特别要注意那些雏鸡不经常活动的地方和门、窗下，检查有无漏风。检查时用手测定，若有漏风可感觉有冷风吹入。漏风的地方必须及时堵塞，以防雏鸡发生感冒等呼吸道疾患。

除做好雏鸡早期的保温外，幼雏转入中雏前，还要做好后期的脱温工作。所谓脱温，就是逐步停止加温。脱温的适当时期与季节有关：春季育雏，1 个月左右脱温；夏季育雏，只要早、晚加温 4～5 天就可以脱温；秋季育雏，一般 2 周左右脱温；冬季育雏脱温较迟，至少要一个半月，特别是在严寒季节，鸡舍保温性能比较差的，要生炉子适当提高室温，加厚垫草，但加温不必太高，只要鸡不因寒冷蜷缩就可以了。需要脱温时，要逐渐降低温度，最初白天不给温，晚上给温，经5～7天后雏鸡逐渐习惯于自然室温，这时可完全不加温。千万不可把温度降得过快，温度的突然变化，容易诱发雏鸡的呼吸道疾病。

②通风换气　通风换气的作用是使育雏室内污浊空气排出，换入新鲜空气，并调节室内的温度和湿度。

幼雏虽小，但生长发育迅速，代谢旺盛，呼吸量大，加之密集饲养，群大，呼出的二氧化碳、粪便污染的垫料在加温的育雏室内发出的氨气和其他有害气体，使空气变得污浊，对雏鸡生长发育极为不利。试验表明：育雏室内二氧化碳超过3 000毫克/千克，氨气超过20毫克/千克，硫化氢气体超过10毫克/千克，都会刺激雏鸡的气管、支气管粘膜等敏感器官，削弱机体抵抗力，诱发呼吸道疾病。除此以外，大群雏鸡的生命活动中还需要不断地吸入新鲜的氧气。所以，在保持育雏室温度的同时，千万不能忽视通风换气。有些鸡场为了保持室内温度，室内用煤炉或是木炭火加温，所有门窗都紧闭，门口还用棉帘挡住，由于晚间工作量少，工作人员通过门口次数减少，在这样一个封闭的室内，煤或木炭燃烧时耗去了很多氧气，经过一夜，不少雏鸡跌跌撞撞，东倒西歪，有的窒息而死。还有的为了提高室内的温度而将炉盖打开，炉筒失去作用，结果煤炭燃烧时产生的一氧化碳全部留在室内，造成煤气中毒事故。

在通风问题上，切忌贼风和穿堂风。要避免冷风直接吹到雏鸡身上，应使风通过各种屏障减慢流速。如果育雏室有南、北气窗（即在窗户的上方有两扇可以自由开启的小窗户），那么在开气窗时要注意风向。冬季西北风大，北面气窗应关闭，在开南面气窗时，将靠西边一侧的一扇窗打开，其窗面正好挡住西边的风，不致让风直吹室内。在中午，外界气温上升、风小时，可打开北面气窗，以加快空气流通，但时间不能过长，风力不能太大。没有气窗的，可将窗户上部的玻璃取下一块，用绞链连接一个活动的小窗户，用于通风换气。另外，也可在天花板上开几个排气孔或“老虎窗”，使浑浊的空气从室顶排出。如果室内是用塑料薄膜隔开的，最好在安装塑料薄膜时分成上、下两截，上方一块高度在 80～100 厘米，它覆盖在下方一块塑料薄膜上，下方一块塑料薄膜的顶端离开天花板约有 60 厘米，上、下两块塑料薄膜可重叠 20～40 厘米，当要通风换气时，可以先提高室温，再移动上方一块塑料薄膜。这样换气，就是有风也不会直接吹到雏鸡身上。

③保持适宜的湿度　湿度大小对雏鸡的生长发育关系很大。雏鸡从相对湿度 70%的出雏器中孵出，如果随即转入干燥的育雏室内，由于雏鸡体内的水分散失过多，对吸收腹中剩余蛋黄不利，饮水过多又容易引起腹泻；湿度过低又招致雏鸡脱水，脚爪干瘪。所以，在育雏的前 10 天内，可用水盘（耐火）或水壶放在火炉上烧水让其蒸发，或在墙上喷水，以补充室内水分，保持室内相对湿度在 60%～65%。随着日龄的增长，雏鸡的呼吸量和排粪量也随之增加，育雏室内容易潮湿，因此，要注意不让水溢出饮水器，加强通风换气，勤换或勤添加干垫料，使其充分吸收湿气。还可以在垫料中添加过磷酸钙，其用量为每米^2 0.1 千克。

此外，在建造鸡舍时，应考虑选择高燥的地势，并适当填高室内地坪。如果室内湿度过大，就为病菌和虫卵的繁殖创造了条件，容易发生曲霉菌病和球虫病。特别是在梅雨季节，更应注意保持室内干燥。

④正确用光　肉用仔鸡在育雏期间的光照来源于两个方

面，一是阳光，二是灯光。阳光中的紫外线不仅能促进雏鸡的消化，增进健康，还可以帮助形成维生素 D_3，有利于钙、磷的吸收和骨骼的生长，防止佝偻病和软脚病的发生。此外，阳光还有杀菌、消毒以及保持室内温暖干燥的作用。由于阳光中的紫外线大多被玻璃窗阻挡不易透入室内，所以，一般在雏鸡出壳 4～5 天后，在无风、温暖的中午可适当开窗，使雏鸡晒晒太阳，到 7 日龄时，在天气晴朗无风时，可放到室外运动场活动 15～30 分钟，以后逐渐延长活动时间。这样做更适宜于种用雏鸡。放雏鸡到室外之前，一定要先将窗户打开，逐渐降低室温，待室内、外温度相差不大时才能放出，以防受凉感冒。

正确的用光，还要有灯光的配合，包括光照时间和光照度两个方面。

现代养肉鸡通常每天光照 23 小时，有 1 小时黑暗是为了使雏鸡习惯于黑暗环境下生活，不至于因偶然停电灭灯而惊慌造成损失。一般户养肉用仔鸡的光照时间，每天也不应少于 20 小时。

关于光照，刚出壳前 3 天的幼雏，视力弱，为保证其采食和饮水，光照稍明亮些为好，每米^2 2.5～3 瓦，以后逐渐减弱，保持在每米^2 1～1.5 瓦就够了。光照过强会引起雏鸡烦躁不安，易惊慌，增重慢，耗料多。

至于作为肉用种鸡雏的用光，应按本章“肉用种鸡的光照控制技术”中叙述的用光办法去做。

⑤*合理的密度*　饲养雏鸡的数量应根据育雏室的面积来确定。切忌密度过大，否则会影响鸡舍的卫生条件，造成湿度过大，空气污浊，雏鸡活动受到限制，容易发生啄癖，生长不良，增加死亡率。密度过小，则不能充分利用人力和设备条件，会降低鸡舍的周转率和劳动生产率。

表 5-49 所列的数据是一般的育雏密度。

表 5-49 肉用仔鸡的饲养密度 （只/米^2）

周龄	育雏室（平面）	肥育鸡舍（平面）	立体笼饲密度	技术措施
0～2	40～25		60～50	强弱分群
3～5	20～18		42～34	公母分群
6～8	15～10	12～10	30～24	大小分群
出售前	体重 30～34 千克/米^2			

雏鸡的密度大小与鸡舍的构造、育雏的季节、通风条件、饲养管理的技术水平等都有很大关系。随着雏鸡日龄的增长，每只鸡所占的地面面积也应相应增加。

⑥垫料 铺放垫料除了可吸收水分，使鸡粪干燥外，还可防止鸡胸部与坚硬的地面接触而发生囊肿。所以，垫料必须具有干燥、松软和吸水性强的特点。常用的有切短的稻草、锯末、稻壳、刨花和碾碎的玉米穗轴等。据有关材料统计，用刨花作垫料的肉用仔鸡胸囊肿发生率为 7.5%，用细锯末的胸囊肿发生率为 10%。所以，肉用仔鸡胸囊肿的发生率与垫料的质地关系密切。陈旧的锯末由于含水量高，真菌较多，不宜使用；新的锯末的含水量往往也较高，所以一定要在太阳下翻晒干燥后再用。垫料铺放要有一定的厚度，一般应不少于 5 厘米。饲养期间，应定期抖松垫料，使鸡粪落入底层，防止在垫料面上结块。在逐步添加垫料时，同时将潮湿结块的垫料及时更换出去。在炎热的天气更要重视垫料问题。热天多饮的水绝大部分通过粪便排出后存积在垫料中，此时必须加强通风换气。也可在垫料中按每米^2 添加过磷酸钙 0.1 千克来吸湿。否则由于高湿引起垫料发酵，产生高热及氨气等将影响鸡群的正常生长。

有些农户在中雏后利用松软的沙地地面养育肉用仔鸡，每天用扫帚或细齿耙搂，扫除粪便，防止板结，但这只适用于温暖、干燥的季节。

⑦分群饲养　肉用仔鸡按强弱、公母、大小分群管理，这有利于所有的仔鸡吃饱、喝足，生长一致。检查弱雏，可在每天喂料时观察，凡被挤出吃食圈外的，或呆立在外不食的，均应捉出分在另外一个圈内，给予充足的饲槽和水盆，进行精心喂养。

公、母肉用仔鸡生长速度不一样，日龄越大，差别越明显，如能分群饲养，可以提高经济效益（详见本章“肉用仔鸡的公母分开饲养”部分）。

⑧减少胸囊肿的发生率　胸部囊肿是肉用仔鸡的常见疾病。它是由于鸡的龙骨承受全身的压力，表面受到刺激和摩擦，继而发生皮肤硬化，形成囊状组织，其里面逐渐积累一些粘稠的渗出液，呈水泡状，颜色由浅变深。其发生原因是由于肉用仔鸡早期生长快、体重大，在胸部羽毛未长出或正在生长的时候，鸡只较长时间卧伏在地，胸部与结块的或潮湿的垫草接触摩擦而引起的。为防止和减少其发生率，可采取下述措施。

其一，尽可能保持垫料的干燥、松软，有足够的厚度，定期抖松垫料，使鸡粪下沉到垫料下部，防止垫料板结。如有潮湿结块的垫料应及时更换。

其二，设法减少肉用仔鸡的卧伏时间。由于卧伏时其体重全由胸部支撑，这样胸部受压的时间长，压力大，加之胸部羽毛长得又迟，很易形成胸囊肿。减少卧伏时间的办法是，减少每次的喂量，适当地增加饲喂的次数，促使鸡只增加活动量。

其三，采用笼养或网上饲养的，必须加一层弹性塑料网垫，以减少胸囊肿的发生。

育雏期间应该密切注意雏鸡的动态。清晨进鸡舍时要检查雏鸡的精神状态、粪便状态和饲料消耗情况；凭感官观察和了解舍内的温度及空气的污浊程度等；捡拾和登记死亡的雏鸡；检查雏鸡的采食和饮水状况；根据外界气候的变化情况来调节通风和舍内的温湿度。晚间应有人值班和巡视，检查雏鸡动态、室温与通风换气情况。

总之，雏鸡阶段的管理是一项十分细致的工作，需认真负责，严格执行各项操作规程，为雏鸡创造一个良好的环境，这样才能取得好的生产成绩。

3. 雏鸡死亡原因分析及其预防措施

（1）原因分析 肉用仔鸡生长速度快，对营养要求高，幼雏期间体温调节功能不完善，对疾病的抵抗能力又弱，因此，要给予精心的照料，稍有疏忽，常常会发生各种疾病而死亡。表5-50，表5-51是根据一些统计资料，对雏鸡死亡原因的分析。

表5-50 某乡肉鸡密集饲养期内的死因分类 （%）

月份	传染病									寄生虫病		普通病						
	新城疫	禽霍乱	雏白痢	禽伤寒	马立克氏病	传染性喉气管炎	链球菌病	大肠杆菌病	曲霉菌病	球虫病	盲肠肝炎	幼雏肺炎	维生素缺乏症	白肌病	药物中毒	食盐中毒	中暑	啄压伤
3	—	—	1.72	—	—	—	—	—	—	—	—	3.02	—	—	0.54	—	—	—
4	—	0.16	2.18	—	—	2.16	—	—	0.26	0.19	—	2.18	0.07	—	—	—	—	—
5	9.06	0.03	3.37	—	—	—	—	—	—	0.78	—	2.42	0.24	—	0.02	—	—	0.02
6	1.9	0.16	7.24	—	—	—	0.07	—	—	1.29	—	3.24	0.09	0.03	—	0.1	—	—
7	7.09	0.24	8.59	—	0.15	—	—	0.22	—	3.83	0.41	4.62	—	0.48	0.06	—	0.74	—
8	2.66	0.63	0.54	2.68	0.17	—	—	0.05	—	2.37	—	0.19	—	4.44	—	—	0.16	0.03
9	3.43	0.41	0.78	4.91	0.04	0.28	—	—	0.16	1.95	—	0.41	0.4	2.56	—	—	—	0.05
10	—	—	—	—	—	—	—	—	0.07	0.51	—	0.51	—	0.64	—	—	—	—
单病占总死亡率(%)	24.14	1.63	24.42	7.59	0.36	2.44	0.07	0.27	0.49	10.92	0.41	16.59	0.8	8.15	0.62	0.1	0.9	0.1

表 5-51　某鸡场雏鸡死亡原因分类

周龄		死亡							合计	
		鸡白痢	脐炎	脱水	感冒	维生素缺乏	鼠害	啄死	只数	%
1		1535	566	220	41	—	67	—	2429	71.13
2		156	213	119	—	13	43	13	557	16.31
3		45	21	—	22	93	32	47	260	7.61
4		10	—	—	—	55	4	63	132	3.87
5		—	—	—	—	—	—	37	37	1.08
合计	只数	1746	800	339	63	161	146	160	3415	
	%	51.13	23.43	9.93	1.84	4.71	4.28	4.68	100	

(2)预防措施

①*认真挑选，把好进雏关*　苗鸡质量的好坏，直接影响到肉鸡的生长和鸡场的效益。对苗鸡可按第三章“如何选择种鸡雏”认真挑选。

②*严格按免疫程序及时接种疫苗*　大群密集饲养的肉用仔鸡，稍不注意就容易得病，尤其是马立克氏病、新城疫、鸡传染性法氏囊病等烈性传染病。表 5-50 中，因新城疫病死亡数占总死亡数的 24.14%。烈性传染病一旦传播开来，将会导致整个鸡群乃至鸡场的毁灭性损失。因此，应本着预防为主的原则，按免疫程序进行主动免疫。有的鸡场于 2 周龄末用新城疫Ⅳ系苗饮水免疫，后来在该场发生了传染性法氏囊病，接种该疫苗的时间在 4 周龄末，可是经过调查，该病于 3 周龄时已在鸡群中发生，所以应该将接种该疫苗的时间提前到 2 周龄以内才能起到预防的效果。因此，必须根据本场情况制订确实可靠的免疫程序。应该在引进苗雏时，向供种单位索要有效的免疫程序作参考。表 5-50 所列的某乡，其分析中没有传染性法氏囊病，因此，在该乡就没有必要接种法氏囊病疫苗，以免因

接种疫苗而污染了这个地区。

③及早进行药物预防　表5-51中感染白痢病的死亡率达51.13%，其中87.9%均死于第一周龄以内。表5-50中死于白痢病的亦占24.42%，是各种死因的首位；死于球虫病的占10.92%，居肉鸡死亡原因中的第四位。根据此两种病症的流行病学，用50毫克/升的恩诺沙星饮水5～7天，可有效地降低鸡白痢的死亡率。在15日龄后就应该预防球虫病，尤其在饲养密度大、温暖潮湿的环境中，必须用药物预防。可在饲料中添加30～60毫克/千克的氯苯胍等药物。所用药物一定要称量准确，搅拌均匀，以免发生药物中毒。

④防止温、湿度急剧变化和换气不良　表5-50中，因幼雏肺炎死亡的占16.59%，居死亡率的第三位。表5-51中，因患感冒死亡的亦占1.84%。育雏时保温不好，温度偏低，雏鸡较长时间内难以维持体温平衡，一般因受凉而造成感冒等病，严重者可冻死。还有的室内温度过高，偶尔打开门窗通风换气，容易发生感冒。室内空气污浊，通风换气不够，温度忽高忽低、急剧变化，使用潮湿、污染的垫料和霉变的饲料，常常导致幼雏肺炎。有的强调保温，空气不流通，导致闷死。有的用60瓦以上灯泡供热，因温度过高而热死。温度过高、湿度不够可导致雏鸡脱水，脚爪干瘪。这都是由于没有调节好育雏室内的温、湿度和不通风换气的缘故，造成育雏环境恶劣，导致雏鸡生长迟滞、死亡率高的后果。

⑤预防单一饲料造成营养不全而带来的营养性疾病　不少农户育雏还未摆脱“有啥吃啥”的旧习惯。由于饲料品种单一，营养成分缺乏或不足，容易引起各种营养缺乏症。如玉米含钙少，磷也偏低，长期用这种钙、磷不足的饲料，幼雏会发生骨骼畸形、关节肿大、生长停滞。蛋白质或氨基酸缺乏时，常常

表现为生长缓慢、体质衰弱。维生素 D_3 缺乏，则发育不良，喙和骨软弱并且容易弯曲，腿脚软弱无力或变形。硒与维生素 E 缺乏时，可引起白肌病。我国许多地区的土壤中缺硒，这些地区生产的饲料中也缺少硒，因此，必须注意在饲料中添加硒的化合物(亚硒酸钠)。

营养缺乏症的特点是，先在少数鸡中出现症状，尔后逐渐增多，且发病率和死亡率都较高，如不及时采取治疗措施，会引起大批死亡。所以，提倡喂多种多样的饲料，这样可以达到营养成分的互补，当然，最好按饲料标准进行配合。

⑥严格消毒，防止脐部感染　表 5-51 中，因脐炎死亡的雏鸡占 23.43%，而且其中 70.7%死于第一周龄。死鸡腹部胀大，脐部潮湿肿胀，有难闻的气味，剖检可见未吸收的卵黄及卵黄囊扩大，卵黄呈水样或呈棕色样，囊体易破裂。这是由于孵化器、育雏室、种蛋及各种用具消毒不严，大肠杆菌、葡萄球菌等通过闭合不好的脐孔侵入卵黄囊感染发炎所致。其有效预防的方法是，用福尔马林熏蒸对孵化器、育雏室、种蛋和各种用具进行消毒。另外，对“大肚脐”鸡要单独隔开，用高于正常鸡 2℃～3℃的室温精心护理，且在饲料中添加治疗量的抗生素药物，通过加强管理来降低此病的死亡率。

⑦适时开水，防止脱水　从表 5-51 中看到，大群饲养的肉用仔鸡死于脱水的比率为 9.93%。这或是由于运输时间过长，或是因接种疫苗等准备工作，使雏鸡的开水时间推迟太久，或是喂水时雏鸡不会饮水，或饮水器孔堵塞，或饮水器太少，致使饮水不及时，鸡体失水过度等引起。雏鸡脱水表现为体重减轻、脚爪干瘪、抽搐、眼睛下陷，最后衰竭、瘫软而倒毙。

有人说，给雏鸡饮水会使其腹泻而死亡。其实，喝水死去的雏鸡往往都是由于在孵化室经过相当长的时间没有水喝，一旦看见水就口渴狂饮，结果有些雏鸡因饮水过多造成腹泻而死。所以，对刚出壳的雏鸡，第一件事是在24小时以内开始饮水，使它在并不感觉太口渴的时候开始饮水，促进其新陈代谢，就不会发生狂饮泻死或脱水瘫软倒毙的现象。

⑧防止中毒死亡　用药物治疗和预防疾病时，计算用药量一定要准确无误。剂量过大会造成药物中毒。在饲料中添加药物时，必须搅拌均匀。应先用少量粉料拌匀，再按规定比例逐步扩大到要求的含量。不溶于水的药物，不能从饮水中给药，以免药物沉淀在饮水器的底部，造成一些雏鸡摄入量过大。

农户育雏切忌把饲料与农药放置在一起，以免造成农药中毒。不能在刚施过农药的田里采集青饲料喂鸡。

使用含咸鱼粉的配合饲料，在确定食盐补给量时，要把咸鱼粉的含盐量考虑进去。绝对不能使用发霉变质的饲料。

此外，还应搞好室内通风换气，谨防煤气中毒。

⑨防止聚堆挤压而死　因聚堆挤压而死的现象，在雏鸡阶段时有发生。主要原因：由于密度过大，而室温突然降低；搬运时倾斜堆压，称重或接种疫苗时聚堆又没有及时疏散；断料、断水时间过长，特别是断水后再供水时发生的拥挤；突然发生停电熄灯或窜进野兽等，因各种惊吓、骚动引起的聚堆。

所以，要按鸡舍的面积确定饲养量，而且要备足食槽和饮水器。在雏鸡阶段要进行23小时光照、1小时黑暗的训练，使其能适应黑暗环境。

⑩加强管理，预防各种恶癖的发生　严重的啄癖多发生在3周龄后，最常见的有啄肛癖、啄趾癖和啄羽癖。据报道，啄肛、啄趾可能是饲料中缺少食盐和其他无机盐，应在饲料中添加微量元素和钙、磷等；啄羽可能是饲料中缺少含硫氨基酸，

可适当添加蛋氨酸和胱氨酸，或1%～2%的石膏。

最好的预防措施是在5～9日龄断喙。平时应加强管理，饲养密度不能过大；配合饲料营养素含量要合理，不能缺少无机盐和必需氨基酸；光照度不能过强，光照时间不能太长。

⑪防止兽害　雏鸡最大的兽害是老鼠。应该在育雏前统一灭鼠。进出育雏室应随手关好门窗。门窗最好能用尼龙网等拦好，堵塞室内所有洞口。

综上所述，雏鸡死亡的原因是多方面的，但只要加强饲养管理人员的责任心，严格各项操作规程，搞好育雏的各种环境条件，提供营养全面而平衡的饲料，采取严格的防疫和疾病防治的措施，就可以提高育雏的成活率，降低死亡率，取得较高的经济效益。

（二）肉用仔鸡的快速肥育

目前，市场上有两类商品肉鸡：一是处于8周龄甚至在6周龄之前的幼龄肉用仔鸡。是采用品系配套杂交方式，以高效率的饲料转化来达到高速度生长，但在生理上还未达到性成熟的肉鸡。二是利用8周龄前生长缓慢，性成熟较早，在全价营养的饲养下13～14周龄母鸡性已发育成熟，且具有一定肥度、临近产蛋的青年小母鸡肥育而成的肉鸡。为区分起见，一般前者简称为“快速型肉用仔鸡”，后者简称为“优质型肉用仔鸡”。

1. 快速型肉用仔鸡的快速肥育　这类肉用仔鸡从脱温到出售仅5～6周，有人称它为肥育。其实，仅是利用仔鸡在这个阶段生长发育特别快的特性，进行合理的饲养管理。这期间，其活重是以4～5倍的速度增长的。要实现这样迅速的生长，主要应适时提高饲料中的能量水平，降低蛋白质水平，并设法增加其采食量。

(1)适时更换饲料配方 根据肉用仔鸡不同生长发育阶段的营养需求更换饲料日粮,是快速肥育的重要手段。自4周龄到出售阶段为后期,又称肥育期。这一时期不仅长肉快,而且体内还将积蓄一部分脂肪,所以在后期的饲粮中代谢能要高于前期,而粗蛋白质又略低于前期。肉用仔鸡不同时期能量与蛋白质的需求量见表5-52。

表5-52 肉用仔鸡对能量和蛋白质的需求量

营养成分	1～4周	5～9周
代谢能 (兆焦/千克)	12.13	12.55
粗蛋白质 (%)	21.00	19.00
蛋白能量比 (克/兆焦)	17.20	15.06

(2)提高营养浓度,增大采食量 要想实现肉用仔鸡长得快,早出栏,除了肉用仔鸡本身的遗传因素外,主要的措施是提高饲粮的营养浓度和设法让鸡多吃。

①提高饲粮的营养浓度 对催肥起主要作用的是能量饲料,因此,在饲料配合中应增加能量饲料的比例,并添加油脂,同时减少粗纤维饲料的含量,不要喂过多的糠麸类饲料。另外,从料型而言,由于鸡喜欢啄食粒料,因此可采用颗粒状饲料,这既可保证营养全面,减少饲料浪费,又缩短了采食时间,有利于催肥。

②创造适宜的环境,促使增加采食量 生活环境的舒适与否,是影响肉用仔鸡采食量的一个重要因素。例如,夏季天热吃得少,冬季天冷吃得多。因此,在夏季适当减小鸡群密度,使用薄层垫料,加大通风换气量,采用屋顶遮荫降温措施,少喂勤添,提供足够的采食槽位,利用早、晚凉爽的时间尽量促

使仔鸡多吃饲料。

有些用粉料饲喂的单位，可采用干、湿料相结合的方法，将粉料与小鱼、小虾、青饲料等拌和喂，以提高适口性，使之增加采食量。

2. 优质型肉鸡的肥育

(1)适合的鸡种和肥育时期 此类肉鸡前期生长速度缓慢，出售时体重为1.1～1.3千克，并接近或已达到性成熟。这种鸡适合于广东省及港、澳地特消费。

目前，比较适宜在后期肥育的鸡种有惠阳胡须鸡、清远麻鸡、杏花鸡、石岐杂鸡、霞烟鸡，以及我国自己培育成功的配套杂交黄羽肉鸡中的优质型肉鸡，一般在13～14周龄可开始肥育。

(2)肥育饲料 在肥育前期，可用全价配合饲料，加快其生长速度，在上市前半个月改为以能量高的糖类和质量好的植物性蛋白质饲料为基础的饲料，以沉积脂肪。其典型的配方如下：

①干粉混合料 碎米粉65%，米糠22%，花生饼12%，骨粉1%，另外，加入食盐0.5%，多种维生素1.5%。在进食前，每千克饲料拌入精制土霉素粉90毫克，维生素B_{12} 90微克。该配方的粗蛋白质含量为14%，粗脂肪含量为3.92%。

②半生熟料

第一步：将大米与统糠按3∶1的比例称出，并按料与水1∶2.2的比例确定加水量。

第二步：水煮沸后，先倒米下锅，稍煮后再倒入统糠，同时进行搅拌，15分钟后取出(此时米粒中心还未煮透)置于木桶中，加盖保温闷4～12小时后即可使用(每100千克饲料中加600克食盐)。

第三步：在喂食前，取 7 份这种半生熟料加米糠 2 份和 1 份经水浸开的花生饼酱，拌匀。同时在每 500 克这种混合料中加入土霉素粉 15～18 毫克和维生素 B_{12} 15～18 微克。

运用这种配方饲料肥育的鸡，增重快，沉积脂肪好，食用有明显的地方鸡风味。

(3)技术措施 为使此类肉鸡达到骨脆、皮细、肉厚、脂丰、味浓的优质风味，所采取的措施有以下 4 个方面：

第一，在上市前采用上述特殊饲料配方肥育期间，一般都实行笼养，限制肥育鸡的活动量，使其能量消耗明显降低，加之所用的饲料基本上是米饭和米糠，这些都有利于加快鸡体内脂肪的积蓄。

第二，由于配方饲料中的钙、磷不足，使鸡体钙的代谢处于负平衡状态，由此形成的骨质，具有广东三黄鸡所要求的“松”、“脆”特点。

第三，蛋白质饲料由大豆饼改为花生饼或椰子饼，使鸡肉更具浓郁的风味。

第四，采用民间的暗室肥育法，使鸡处在安静环境中，不仅有利于肥育，而且使鸡的表皮更加细嫩。

3. 生态型肉鸡的放牧 在舍外放养的肉鸡，其肉质比舍内圈养或笼养的肉鸡好，这已为人们所共识。在山地放养，鸡可自由采食植物种子、果实、昆虫，有良好的生长空间和阳光照射，空气清新。所以，肉鸡在育雏脱温后，在山地放牧可以作为一种饲养方式。

在肉鸡产业中，小体型肉鸡（土鸡）肉质鲜美，颇受消费者喜爱。但土鸡品系杂乱，体型小，饲料摄取量及生长速度均低于白羽肉鸡及仿仔鸡（表 5-53）。

表 5-53　不同鸡种摄食量与生长速度比较

（以白羽肉鸡为 100%）

饲料水平	项　目	白羽肉鸡	土　鸡	仿仔鸡
能量 13.4 兆焦/千克，粗蛋白质 23%～20%	摄食量(克)	4162(100%)	1883(45%)	2551(61%)
	增重(克)	2083(100%)	871(42%)	1285(62%)
	饲料/增重	2.00(100%)	2.16(108%)	1.99(100%)
能量 12.14 兆焦/千克，粗蛋白质 18%～15.5%	摄食量(克)	4458(100%)	1997(45%)	2725(61%)
	增重(克)	1944(100%)	811(42%)	1193(61%)
	饲料/增重	2.29(100%)	2.46(107%)	2.23(97%)

从表 5-53 中可以看到，不管在哪种饲料水平下，土鸡的摄食量只相当于白羽肉鸡的 45%，生长速度也仅为白羽肉鸡的 42%。土鸡上市一般在 13～16 周龄，而白羽肉鸡只需要 6～8 周龄。所以，土鸡饲粮的能量与蛋白质含量水平可较白羽肉鸡低。

放牧或散养，以放牧在林果地更佳。这样，鸡既可以捕食大量天然饵料，如白蚁等昆虫、草籽、青草等，一般要比庭院养鸡少耗料 8%～10%，而且增加阳光照射，促进维生素 D_3 的生成和钙的吸收，又可以为果园除草、除虫，增加土壤有机质肥料。一处林果地有计划地放养 1～2 批后就转到另一处，周而复始，轮流放牧，轮流生息。放牧期间的林果地应禁止喷洒农药，以免鸡中毒。

放牧都是在雏鸡脱温后进行的，放牧前要让鸡认窝，可将料槽、饮水器放在鸡舍门口附近。放牧时每天早晨放鸡出外自由活动，采食天然饲料，但要在荫棚下为鸡准备足量的饮水，让鸡自饮。中午视鸡采食情况确定是否补料。傍晚，在太阳下山鸡入舍前喂饱。为训练鸡定时回来吃料和回鸡舍，可在喂料时吹口哨等使之对声音形成条件反射。出现不宜放牧的天气时,应及时收回舍内,防止鸡群损失。

放牧饲养不等于粗放,更不等于放任自流,以预防为主的综合性卫生防疫措施也应在其中切实贯彻。

近些年来,优质肉鸡的发展引起了法国、荷兰等国的重视。法国培育了称为“拉贝”鸡的优质肉鸡,规定饲养期至少81天,最好散养。舍养时,每间鸡舍的面积不小于100米^2,每米^{2}鸡数不超过11只,且6周后每只鸡平均有2米^{2}的舍外运动场。4周内日粮中不添加油脂,以后的日粮脂肪总量不超过5%,4周以后日粮中谷物和谷物制品含量不低于75%。

(三)肉用仔鸡的公母分开饲养与限制饲养

1. 肉用仔鸡公母分开饲养 公母分开饲养的技术,在仔鸡的增重、饲料的利用效率以及产品适于机械加工等方面都显现出其较好的效益。至1990年,采用这种饲养制度饲养的肉用仔鸡已占仔鸡总量的75%~80%。随着自别雌雄商品杂交鸡种的培育和初生雏雌雄鉴别技术的提高,近年来已为愈来愈多的国家所运用。这种基于公母雏鸡之间的差别而发展起来的公母分开饲养的技术,其措施主要有如下几点:

(1)按经济效益分期出场 1日龄时,小公鸡日增重比小母鸡高1%,随着日龄的增长,日增重的差别越来越大,最大可达25%~31%。雌性个体在7周龄后增重速度相对下降,饲料消耗急剧上升,如果此时已达上市体重,应该尽早出售。而雄性个体,一般要到9周龄以后生长速度才下降,同时饲料转换率也降低,所以雄性个体可养到9周龄出售。因此,公母分群饲养将可以在各自饲料转换率最佳日龄末出场,以取得最佳的经济效益。

(2)按需调整日粮的营养水平 在相同日粮的条件下，小母鸡每增重1千克体重所消耗的饲料，比小公鸡要高出2%～8%。在4～10周龄间，小母鸡的相对生长量又低于小公鸡15%～25%。

小公鸡能有效地利用高蛋白质日粮，并因此而加快生长速度；小母鸡对蛋白质饲料的利用效率低，而且还将多余的蛋白质转化为体内脂肪沉积起来。按照它们对蛋白质来源及添加剂等的不同反应，小公鸡的饲料配方，前期的粗蛋白质含量水平可提高到25%。采用以鱼粉为主的配合饲料，其中钙、磷和维生素A，维生素E，B族维生素的需要量比小母鸡要高，可适当添加人工合成的赖氨酸，将明显地提高小公鸡的生长速度与饲料转换率。

为消除蛋白质过量会抑制小母鸡的生长和将多余蛋白质在体内转化为不经济的脂肪沉积起来的弊病，对小母鸡的饲料配方，粗蛋白质含量水平可调整为18%～19%，采用以豆饼为主的配合饲料。这样可以各得其所，蛋白质也可以得到充分利用。

(3)提供适宜的环境条件 由于小公鸡的羽毛生长慢、体重大，必须为小公鸡提供更为松软、干燥的垫料，以减少胸囊肿病的发生。为取得更佳的饲养效果，小公鸡的饲养环境与小母鸡相比，室内温度前期要高1℃～2℃，而后期则要低1℃～2℃。

2. 肉用仔鸡的限制饲养 在肉用仔鸡的生长发育过程中，肌肉的生长速率远大于内脏的生长发育，尤其是心、肺的发育更慢于肌肉，心、肺不能满足肌肉快速生长对血氧的需要。这种代谢的紊乱，导致肉鸡腹水症、心力衰竭综合征和突然死亡的发生率增高。所以，越来越多的肉鸡生产者，通过限制每天的饲料摄取量与间歇光照程序相结合的办法来控制肉鸡的生长速度，以提高饲料转化率，降低死亡率。

据报道，在第二周开始限饲对肉鸡腿畸形率的减少最为有利。此研究者采用的是每天 4 个周期的间歇光照程序（即 2 小时光照，4 小时黑暗为 1 个周期）并限制饲料的添加量。

有人从 4 日龄开始采用 1 小时光照、3 小时黑暗的每天 6 个周期的间歇红光照明程序，由于 2 次投料之间有 3～4 小时的间隙，这就给仔鸡在采食后有一个消化吸收的时段，有利于提高饲料转化率，同时这种间歇可以刺激仔鸡的采食欲望。表 5-54 显示了限制饲养的某些效果。

表 5-54　8 周龄肉用仔鸡体重、饲料报酬、腿病率及死亡率

项　　目	连续白光照	间歇白光照	连续红光照	间歇红光照
平均体重（克）	2272.80	2266.90	2317.10	2327.70
采食量（克/只）	5864.10	5327.20	5537.80	4981.30
饲料报酬	2.58	2.35	2.39	2.14
腿病发生率（%）	4.50	2.00	2.50	2.00
死亡率（%）	2.50	2.00	2.00	1.50

调整光照程序对肉用仔鸡有许多潜在的保健作用，如延长睡眠时间、降低生理应激、建立活动节律以及改善骨代谢、腿健康等。可是在光照程序中的明暗比例等还有待进一步研究探索。

（四）肉用仔鸡 8 周的生产安排

现代的肉用仔鸡生产，大多是全年进行的批量生产。因此，饲养者应根据拥有的鸡舍面积、设备和人员、饲料来源，并根据规定的饲养密度、预期上市日龄以及两批之间的消毒、空舍时间，初步安排好全年的饲养计划、批次，在落实好苗鸡计划的基础上，安排好每批肉鸡的饲养计划。现对其8周的生产主要安排简述如下。

1. 第一周

(1)综合性技术措施 提前3天鸡舍试温，全部用具到位。提前1天鸡舍开始升温。1日龄时开水、开食，确保全群鸡都能饮水、采食。3日龄喂全价饲料，增喂维生素。5日龄断喙。6日龄后逐步用饲槽、料桶。

(2)管理条件 1日龄在育雏器下温度为35℃，室温为28℃，相对湿度为70%，密度为40只/米^2，每天光照时间23.5小时，每米^{2}2.5～3瓦。2～4日龄育雏器下温度每天降低1℃，至32℃；光照时间2日龄为23小时，4日龄为22.5小时。7日龄时室温为24℃，相对湿度为65%，密度为30只/米^2，光照时间每天22小时，每1 000只鸡1周耗水量为238升。

(3)生产指标 每1 000只鸡1周耗料量为80千克；周末每只鸡体重80克，较好的可达90克。

(4)疫病防治 1日龄接种马立克氏病疫苗，4日龄接种新城疫Ⅳ系疫苗，7日龄接种鸡痘疫苗。用恩诺沙星50毫克/升饮水5～7天。

2. 第二周

(1)综合性技术措施 使用饲槽、料桶和饮水器，扩大围圈，增加通风量。2周末撤掉围圈。

(2)管理条件 育雏器下温度2周末降至29℃，室温降至21℃，相对湿度降至62%，密度为25只/米^2，光照时间11日龄为21小时，14日龄为20小时，每米^2 1～1.5瓦。本周

1 000 只鸡耗水量为 371 升。

(3)生产指标 本周 1 000 只鸡累计耗料量一般为 160 千克,周末个体重 170 克;较好的本周 1 000 只鸡累计耗料量为 240 千克,个体重为 230 克。

(4)疫病防治 13 日龄时接种法氏囊病疫苗。为预防球虫病,从第二周至第四周按 30～60 毫克/千克体重氯苯胍拌料饲喂。

3. 第三周

(1)综合性技术措施 3 周末抽测体重。

(2)管理条件 17 日龄时,相对湿度降至 60%,密度为 25 只/米²,光照时间为 20 小时。本周末育雏器下温度降至 27℃,室温降至 18℃,密度降至 20 只/米²。本周1 000只鸡耗水量为 532 升。

(3)生产指标 本周 1 000 只鸡耗料量为 320 千克,周末个体重 330 克;较好的本周 1 000 只鸡耗料量为 370 千克,周末个体重 430 克。

4. 第四周

(1)综合性技术措施 视情况撤去育雏器,周末起逐步改用肥育料。

(2)管理条件 周末育雏器下温度降至 24℃,室温降至 16℃,密度仍为 20 只/米²,每天光照 20 小时。本周1 000只鸡耗水量为 665 升。

(3)生产指标 本周 1 000 只鸡耗料量一般为 420 千克,周末个体重 540 克;较好的本周 1 000 只鸡耗料量为 450 千克,本周末个体重 650 克。

5. 第五周

(1)综合性技术措施 脱温,转群,防球虫病,升高食槽和饮水器的高度。本周起全部改用肥育料。周末测个体重和耗料量。

(2)管理条件 周末育雏器下温度降至21℃,相对湿度仍为60%,密度18只/米²,每天光照20小时。本周1 000只鸡耗水量为847升。

(3)生产指标 本周1 000只鸡耗料量一般为560千克,本周末个体重760克;较好的本周1 000只鸡耗料量为590千克,周末个体重920克。

6. 第六周

(1)综合性技术措施 周末抽测个体重和耗料量。

(2)管理条件 鸡舍相对湿度保持在60%,密度降为15只/米²,每天光照仍是20小时。本周1 000只鸡耗水量为1057升。

(3)生产指标 本周1 000只鸡耗料量一般为690千克,周末个体重990克;较好的本周1 000只鸡耗料量为740千克,周末个体重1 200克。

7. 第七周

(1)综合性技术措施 周末抽测体重和耗料量。停止用药,防止药物残留。

(2)管理条件 鸡舍相对湿度提高到65%,每天光照仍为20小时。本周1 000只鸡耗水量为1 246升。

(3)生产指标 本周1 000只鸡耗料量一般为800千克,周末个体重1 240克;较好的本周1 000只鸡耗料量为930千克,周末个体重1 500克。

8. 第八周

(1)综合性技术措施 周末开始出栏。应在夜间捉鸡。出栏前10小时撤饲料,抓鸡前撤饮水器。

(2)管理条件 鸡舍相对湿度为65%,密度为12只/米^2,每天光照18小时。本周1 000只鸡耗水量为1 428升。

(3)生产指标 本周1 000只鸡耗料量一般为910千克,周末个体重1 500克;较好的本周1 000只鸡耗料量为1 030千克,周末个体重1 800克。

第六章　以市场为导向，发展质量效益型肉鸡业

一、在肉鸡销售和经营管理中存在的问题

在短缺经济时代，鸡肉一直是肉类市场上价格昂贵的食品。凭着高价格，一般养殖户养鸡都能赚钱。但是，在市场经济条件下这种小生产经营方式，生产者信息闭塞，对由卖方市场转入买方市场缺乏认识，加之刚刚兴起的市场其成熟度、规范性尚差，激烈的市场竞争使生产者带着很大的盲目性、随意性和趋同性去闯市场。由于销售渠道不畅，不懂得怎么进入市场，也只能跟随别人操作。市场好时就一哄而上，市场差时就一哄而下。这种滞后的经济运行方式，不仅使市场价格频繁波动，而且最终受损的还是养殖户自己。

二、以市场和利润为中心的经营管理

（一）以市场为取向的经营理念

1. 认清由卖方市场向买方市场的转变　在传统的计划经济体制下，企业经营的模式是“企业——产品——市场”，企业的一切经营活动都以计划为依据，以生产为中心。也就是计

划安排什么，企业就生产什么；企业生产什么，市场就卖什么；市场卖什么，消费者就买什么。这是典型的短缺经济所形成的卖方市场。物资短缺不能满足消费者的需求，充分暴露了计划经济体制及其经营模式的弊端。而在市场经济条件下，以市场为取向的改革，将上述的企业经营模式改变为"市场——企业——产品"，这反映了一种全新的以市场导向为原则的企业经营模式。它要求企业围绕市场转，产品围绕市场变；市场需要什么，企业就生产什么，以满足消费者的需求来实现商品价值。

以市场为导向的企业经营模式，体现了以市场导向为原则和以消费者为中心的企业经营理念。在供大于求的买方市场条件下，只有在消费者得到称心如意的使用价值的商品的同时，企业才能实现其产品的价值。

所以，过去那种单凭廉价劳力和鸡肉的高价格，在目前是赢不了市场份额的。要变靠廉价劳力为靠运用先进技术和管理知识进行科学决策和管理，靠集约化大生产降低生产成本来赚钱、来赢得市场。

2. 发展优质肉鸡生产 随着人民生活水平的提高和保健意识的增强，高蛋白质、低脂肪、低胆固醇含量的鸡肉，特别是黄羽肉鸡，将越来越受到广大消费者的青睐。从对我国南、北方肉鸡市场的调查资料表明，鸡肉消费的地域差异显著。在南方，尤其是广东、广西、福建、浙江、江苏、上海等省、市、自治区，对优质黄羽肉鸡十分偏爱，其中浙江省、江苏省和上海市消费黄羽肉鸡有一定的季节性，广东、广西和福建等地则是长年消费，而且还排斥快速型肉用仔鸡；在北方则以消费白羽肉用仔鸡为主。

据调查，国内鸡肉消费量的50%来自优质黄羽肉鸡和肉质独特的土种鸡。这说明了充分利用我国地方鸡种是具有很大发展潜力的。将地方鸡种资源优势转变为商品优势，是具有中国特色肉鸡业的发展道路。

3. 关注药物残留问题的严重性 从传统散养向规模化生产的转变，饲养密度提高了1倍，发病率则增加了4倍以上。面对这种肉鸡饲养方式的转变，有的养殖户为了提高成活率，违规、无序地在饲料中使用激素、抗生素和其他药物添加剂，并大量使用疫苗和药物进行疾病防治，又不按规定在上市前若干天停药，造成鸡肉中药物大量残留。这样的养鸡户虽是少数，却严重地危害人体健康。

随着人类文明的进步和经济的发展，人们越来越重视食品安全，鸡肉的质量特别是其安全性已成为决定竞争能力和产品价格的主要因素。产品质量优良，价格高也能畅销；质量低劣，价格再低也无人问津。在国际市场上，顾客对产品的质量要求十分严格，重点是药物残留量和是否有细菌污染，这已成为难以逾越的技术性贸易壁垒。2001年6月份，日本、韩国对从我国进口的禽肉全面封杀；我国政府对食品开始使用QS放心食品标志，上海市也将对无药物残留的畜禽产品实行“准入制度”。面对这种严峻的挑战，发展绿色食品已势在必行。1994年国务院在《中国21世纪议程——中国21世纪人口、环境与发展白皮书》中，将“加强食物安全监测，发展无污染的绿色食品”列入其行动方案中。2001年8月26日，经农业部审定颁布的我国A级绿色食品的3个行业标准开始实施。

一系列相关技术的发展，为绿色食品的生产提供了条件，如各种无毒、无害生物农药的开发使用，配方施肥技术的开发，生物肥料、有机肥料的应用，为养鸡业提供了更多的符合生产绿色食品的饲料原料。近年来，添加剂、兽药工业的发展，开发了多种无毒、无害的生物添加剂、仿天然添加剂和药物，各种有益于环保的技术和产品将替代传统的养殖技术。各种微生态制剂将参与家禽胃肠道微生物群落的生态平衡，并维护胃肠道的正常功能，抗生素将逐步退出历史舞台。有一种酵母细胞壁提取物——甘露寡聚糖，能在动物消化道内与沙门氏菌、大肠杆菌等有害细菌结合，并将病原菌排出动物体外，以其作为添加剂，有抗生素的作用，但无抗生素引起的抗药性和在畜产品中的残留问题。

当前，养殖业产生的废物对环境的污染（包括磷、氮的污染）已经引起人们的焦虑。此问题不解决，人们将很难喝上合格的饮用水。可喜的是，这方面的研究取得了长足的进展。如高效廉价的植酸酶、除臭灵和蛋白酶等产品，将会在未来的饲料中得到普遍应用，它将大大降低动物排泄物中的有害、有毒物质（磷、氮和粪臭素等），消除鸡舍内的臭气和苍蝇。

我国肉鸡业正逐步走向专业化、集约化和产业化生产，这就有可能在饲料原料、添加剂、药物以及饲养方法、加工方法上按绿色食品的要求，使肉鸡产品成为绿色食品，把肉鸡养殖业逐步发展成为一种生态养殖。江苏“京海集团”推出的“绿色肉鸡产业化科技园区发展规划”，正是符合 21 世纪肉鸡业发展的趋势，它将会加强我国肉鸡产品在国际市场上的竞争力，促进我国肉鸡业的健康、持续发展。

（二）强化资本运营

对养鸡场经营的方向和方式、饲养的规模和方式等重大举措做出选择是资本投入的具体运作，它对养鸡场的经济效益有着决定性的意义。

1. 经营方向

(1)专业化养鸡场

①肉用种鸡场　它主要是培育优良鸡种，提供种蛋，孵化出售良种雏鸡。国内此类种鸡场已有不少，有的是父母代种鸡场，有的是祖代种鸡兼父母代种鸡场，还有一些是拥有优良地方鸡种的种鸡场。此类鸡场大多因投资多，各种育种、选种管理的技术要求相对比较高，目前还以国有企业为主。有些单位不顾及自己的技术力量、资金等条件的限制搞小而全，反而造成种鸡生产水平提不高，管理跟不上，结果导致亏本。

②肉用仔鸡场　是专门生产肉用仔鸡的鸡场。此类鸡场除了大中型的机械化、半机械化鸡场外，还有众多的集体所有制的鸡场及专业户养鸡场。从目前我国实际情况出发，应大力发展农村专业户的规模生产，既可节省国家大笔投资，又可有效地开发利用农村丰富的劳动力资源和饲料资源。它是促进农民致富的有效途径。

③孵化场　收购外来种蛋后，孵化出苗雏卖给肉用仔鸡的饲养单位。这些场目前主要以各地食品公司兴办的为多。孵化场一定要有稳定和可靠的种蛋来源，如果以“百家”蛋为来源，总有一天会因“种”的质量不良而最终影响到苗雏的销路。

(2)综合性养鸡场

①种鸡场兼营孵化场　一般种鸡场从经济效益考虑，在人力、财力可能的条件下都附设孵化场。因为，将种蛋出售与将种蛋孵化成雏鸡后出售的收益相比较，后者更佳。

②种鸡场兼营孵化场和肉用仔鸡场　在前者的基础上，加上生产肉用仔鸡。肉用仔鸡生产周期短，经济效益较好，不少种鸡饲养单位在条件许可的范围内，进行肉用仔鸡生产，同时对外供应部分苗雏。

有一些鸡场不顾防疫条件，只考虑创收，在鸡场附近开办屠宰加工厂或扒鸡厂，收购“百家”鸡，最终因疾病流行而导致鸡场倒闭。这种教训，应在确定养鸡场的经营方向时加以认真考虑。

2. 经营方式

（1）专营 大部分国有资产投资的肉鸡祖代鸡场、父母代种鸡场及地方优良鸡种资源场，都负有培育繁殖任务，并向社会提供优良种蛋和苗雏。它们都有较强的技术力量，专业化分工也比较细，多为专业化鸡场。除此以外，也有部分单位从事种鸡→孵化→肉用仔鸡生产，形成小而全的一条龙生产线。还有比较专一化的从事肉用仔鸡生产的肉用仔鸡生产场，以及生产规模不等的农村专业养鸡户。但从防疫角度看，专业化的生产更有利于疫病的防控。

（2）联营 随着市场经济的发展，作为商品的肉用仔鸡生产亦处在激烈的市场竞争之中。种鸡场、孵化场、肉用仔鸡场、专业养鸡户等，在产、供、销等各个环节上都要求能有一种保障。另外，从肉用仔鸡生产的经营方式调查来看，无论是国内还是国外，由于饲养肉鸡是一种随意的自由劳动，饲养人员的责任心是第一位的，一天 24 小时都需管理，是属于那种劳动强度不大、但要精细地观察和管理且花费时间较多的劳动形式。因此，仅雇用每天工作 8 小时的劳动力饲养，比不上以家庭劳动力为中心的个体经营得好。所以，肉用仔鸡的生产在广阔的农村是一个巨大的场所。近年来，由此而发展起来不少“公司＋农户”的联营式企业，其发展后劲很足。

3. 饲养规模与方式 肉用仔鸡业又称为“速效畜牧业”。在国外，鸡肉的价格是肉食品中最便宜的，因此每只鸡的盈利是很少的，它靠的是规模效益，但这种规模效益是建立在充分发挥每只鸡的生产潜力的基础之上取得的。如果肉鸡本身的生产性能没有充分发挥，生长速度慢，饲料消耗多，那么，其规模愈大，效益就愈差。

近年来，我国的肉鸡繁育体系正形成一定的生产规模，基本可满足当前肉用仔鸡生产稳定发展的要求和市场的需要。所以，目前应该更多地发展各种"联营"形式，以"联营"为中心，推广新的饲养管理技术，研制质优价廉的科学饲料配方，把我国农村的肉用仔鸡养殖户组织好、发展好。其发展方针应当是：实事求是确定发展规模，以质量为前提，以效益为根本，采取大、中、小并举，随着科学技术的进步、饲养方式的改变、劳动者的技术水平和经营管理水平的提高、资金与市场状况及社会化服务体系的完善，而由小到大逐步发展。

其饲养方式也应从我国国情出发，根据基建投资规模以及对电的依赖程度来衡量。就鸡舍内部的设施而言，在当前劳动力还比较富裕的情况下，还是以半机械化为宜，即采用机器设备与人工操作相结合，在选择大型机具时更应持慎重态度。

4. 若干关键投资的决策

(1)技术改造项目的决策　在进行技术改造时必须充分考虑以下因素：

其一，技术改造的目的是降低成本，提高经济效益，不能得不偿失，因此要慎重考虑更新设备的投资和带来的效益的比较。

其二，投资的设备，既不能墨守陈规不敢创新，也不能一味脱离实际贪大求"洋"而造成运行困难。要考虑它的先进程度，而不至于更新不久又淘汰，使企业陷入被动。

(2)种鸡引进的决策　要通过市场的调查与考察本地区市场的认可品种，考察品种生产性能的遗传潜力以及对本地区的适应能力，不能盲目而频繁地更换品种。

（三）密切注视经营环境的变化

要根据市场上饲料资源价格的波动情况调整饲料结构；根据市场上肉鸡价格和销售趋势调整饲养品种、饲养周期，适时出栏。总之，要通过市场这个调控系统使生产结构优化，产品适销对路，价格低廉，以取得较高的养殖利润。

在市场竞争中，除了保证产品的质量和良好的企业信誉外，还必须加强促销工作，千方百计地稳固老客户，发展新客户，以扩大销售。这就要建立一支富有开拓和奉献精神的销售队伍，并制定科学的促销策略，开展强有力的市场营销活动，提高产品在市场上的占有份额。此外，还必须强化售后服务，变“售后服务”为“全程服务”，变被动式服务为主动式服务，变跟着用户走为引导用户走，以诚信服务来赢得市场，不断地巩固市场和培育市场。

三、加强以产品质量和成本核算为核心的生产管理

（一）加强产品质量管理

产品质量是企业的生命线，市场的竞争首先是产品质量的竞争。企业要在瞬息万变的市场竞争中生存，必须抓住产品质量这个关键，而产品质量管理的关键，归根结底是要提高管理者和劳动者的科技素质，制定各类技术管理措施，并在每道工序、每个岗位及技术控制点上实施。使鸡场的管理人员充分认识抓好产品质量的重要性，并自觉地把好产品质量管理这

个关，而鸡场的生产人员也要提高产品质量意识。要把产品质量管理与经济效益和劳动报酬挂钩，通过利益来密切员工与产品的成本和质量的关系，确保产品质量管理落到实处。

要保证整个鸡场生产计划的实现，增加产出，降低投入，还要靠技术来保障。要采取一系列的技术措施，如选养优良种雏、采用全价配合饲料和科学的饲养技术、切实执行有效的免疫程序和防疫措施等，从而保证种蛋的受精率、孵化率，种鸡的产蛋率，雏鸡的成活率，饲料的利用率等，都能达到比较高的水平。这是实现生产计划、取得较好经济效益的根本所在。

（二）加强成本核算

各类鸡场要正常地生产以创造更大的效益，必须要有科学的生产流程，配套的人、财、物管理制度以及严格的产品质量和成本管理，目的是保质、保量地完成生产任务。生产管理的目的是加强企业内部的建设，在一切生产活动中始终强调产品质量和成本。要对市场进行调查，研究品种、销售、价格等一系列外部环境和内部因素与成本的关系，搞好成本的预测。在以提高企业经济效益为中心的基础上，考虑企业内部条件与外部经营环境的协调发展，实事求是地制定降低成本的具体措施，通过有效的成本控制，及时发现和改进生产过程中效率低、消耗高的不合理现象，使之增加产出，降低投入，以提高成本管理水平。

在各种类型的商品肉鸡场中，生产中的管理作用十分突出，它直接影响到经济效益的好坏。它是对物化劳动、活劳动的运用和消耗过程的管理。应该说，管理可以使生产上水平，管理可以出效益。

1. 合理配置设备和劳动力 例如，某鸡场有 600 米^2 的房舍饲养肉用仔鸡，如采用二段法分养，即前期4周为育雏，后期4周为肥育，则此600米^{2}分割为两个部分：200米^{2}为育雏鸡舍，400米^{2}为肥育鸡舍。按后期饲养密度10只/米^{2}计算，400米^{2}肥育鸡舍的饲养量为4000只，而前期育雏鸡舍的200米^{2}也正好可以饲养4000只小苗雏。两批之间空舍1周时间清洗消毒，其周转期为5周，即全年(52周)可饲养$52\div5=10.4$批，其全年饲养量为$10.4\times4000=41600$只。如果采用全程固定鸡舍一贯制的饲养法，虽然饲养时间也同样是8周，再加两批之间空舍1周时间清洗消毒，其周转期为9周，全年只能饲养$52\div9=5.7$批，全年饲养量为5.7×6000只(600米^{2}的饲养量)$=34200$只。从中可以看出，虽然房舍面积同样大，但由于采用不同的饲养方案，前者(二段法)比后者全年饲养量增加了21%。这是房舍周转期缩短的结果，也就是提高了房舍和设备利用效率所产生的效益。

诸如此类的情况很多。如孵化场的设备，孵化机与出雏机的配比，由于每批种蛋使用孵化机的时间为18天，而使用出雏机的时间只有4天，如果它们之间按1∶1配置的话，必然造成出雏机利用效率不高。又如种鸡场兼办孵化场和肉用仔鸡场的，从全年均衡生产出发，要使设备、房舍充分利用，就必然要考虑三者之间的科学配合。

在考虑以上生产计划周转安排的同时，也要将劳动力做适当合理的安排，若稍有超过，可通过增加机械设备以减轻劳动强度或通过联产承包的基数超额奖励的办法来解决。总之，要充分发挥设备和劳动力的潜在能量。

2. 加强计划管理　在对生产中各个环节的技术保障和对设备、劳动力进行合理配置的前提下，制定各项计划。

(1)单产计划　每批肉用仔鸡的饲养量、饲养周期、出栏体重及饲料量，每批种鸡的饲养量、饲养周期、平均产蛋率及饲料量等，都应周密安排。

单产指标的确定，可参考鸡种本身的生产成绩，结合本场的实际情况，依据上一年的生产实绩以及本年度的有效措施，提出既有先进性又是经过努力可以实现的计划指标。

(2)鸡群周转计划 在明确单产计划指标的前提下，按照鸡场的实际鸡舍情况安排鸡群周转计划。如种鸡场附设孵化及肉用仔鸡生产的，就要安排好种蛋孵化、育雏鸡、肥育鸡的生产周期的衔接，一环紧扣一环。专一的肉用仔鸡场也必须安排好本场的生产周期以及本场与孵化场苗鸡生产周期的衔接。一旦周转失灵，就会造成生产上的混乱和经济上的损失。

例如，某场年产 15 万只肉用仔鸡的鸡舍周转安排如下。

第一，基本条件：

①育雏鸡舍：4 个单元，每个单元面积为 90 米^2。

②肥育鸡舍：10 幢，每幢面积 180 米^2。

第二，要求年饲养肉用仔鸡 15 万只。

第三，计算：

①按育肥鸡舍面积计算饲养量：因为后期饲养密度为 12 只/米^2，那么：

一幢肥育鸡舍饲养量为 180 米^2×12 只/米^2＝2 160 只

一批饲养两幢的饲养量为 2 160 只×2＝4 320 只

②计算全年的饲养批数：

150 000 只÷4 320 只/批＝34.8 批≈36 批

③计算每批间隔时间：

12 个月÷36 批＝1 个月/3 批≈10 天/批

也就是说，每月进雏 3 批，可以安排为每月逢 4 或逢 5 进雏，即每月 4 日、14 日、24 日或 5 日、15 日、25 日进雏。

④饲养周转规划：考虑到饲料条件较差等情况，拟按 70 天(10 周)为肉用仔鸡的一个饲养周期，现规划如下：

其一，育雏鸡舍共 4 个单元，即经过轮转 1 次，育雏鸡舍第二次再使用时要间隔的时间为：

4×10 天/批＝40 天

当它减去 1 周的空舍、消毒、清洗时间还剩 40－7＝33 天，大大超过了育雏的 1 个周期(28 天)。

其二，肥育鸡舍共 5 个单元(10 幢鸡舍)，经过 1 次轮转，当第二次再使用时要间隔的时间为：

5×10 天/批＋28 天(育雏 1 个周期)＝78 天

当它减去 1 周空舍、清洗、消毒的时间还剩 78－7＝71 天，也超过了肉用仔鸡的 1 个饲养周期的时间。

第四，鸡舍周转规划(图 6-1)。

最后，将鸡舍周转规划图中的横坐标所表示的天数变换为该生产年度的日期，就成为一张全年肉用仔鸡生产鸡舍周转的流程图。

(3)饲料计划 饲料是肉鸡生产的基础，必须按照各项单产计划以及经营的规模计算各种类型饲料的耗用总量。而且应按照不同时期(育雏鸡、肥育鸡、后备鸡、种鸡)计算各个月份各种类型饲料的用量。如自配饲料，则需按饲料配方计算各种饲料原料的总量，并尽早联系购置。

(4)销售和利润计划 销售是竞争，它是质量的竞争和价格的竞争。所以，首先努力使鸡场的肉鸡产品达到质优价廉，其次要设法打通各种渠道(如内销、外贸)，巩固老客户，发展新客户。产品应尽量适应各个层次的不同需求(活鸡、冻鸡、分割鸡、小包装、优质鸡、快速鸡)，进行适销对路的商品生产。

利润计划是受到饲养规模、生产和经营水平以及各项费

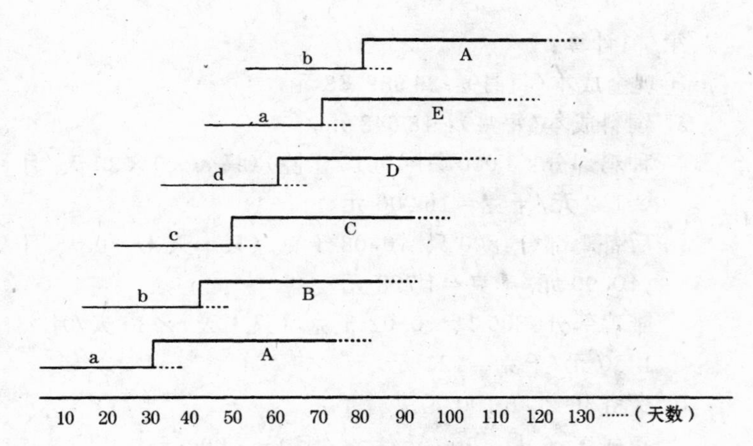

图 6-1　鸡舍周转规划

1. a,b,c,d 为育雏鸡舍的 4 个单元代号

2. A,B,C,D,E 为肥育鸡舍的 5 个单元代号

3. 细直线为育雏的时间,粗直线为肥育的时间,虚线为空舍、清洗消毒的时间

4. 折线为转群

用开支等因素制约的。

例如,某肉鸡场种蛋价格的核算如下。

第一,基本数据:

①种鸡:平均数 3 000 只,年平均产蛋率为 50%。

②后备种鸡:每 6 周更换 800 只,每只价值 7 元。

③劳动力:正式工 6 人,临时工 7 人。

④疫苗、药品:法氏囊病疫苗,每支价 1.45 元;新城疫疫苗,每支价 2 元;其他药品,每月耗资 250 元。

⑤饲料:种鸡每天每只 150 克,后备鸡每天每只 80 克,雏鸡每天每只 20 克。

⑥折旧:房屋 20 年更新费每幢 3 万元。

第二，计算：

①现金成本(每月)：29 989.33 元。

a. 饲料成本(每月)：18 648 元。

种鸡部分：3 000 只×0.15 千克/(只·天)×30 天/月×1.2 元/千克=16 200 元。

后备鸡部分：800 只×0.08 千克/(只·天)×30 天/月×0.90 元/千克=1 728 元。

雏鸡部分：800 只×0.02 千克/(只·天)×30 天/月×1.50 元/千克=720 元。

b. 劳务开支：5 100 元。

正式工：6 人×500 元/(人·月)=3 000 元。

临时工：7 人×300 元/(人·月)=2 100 元。

c. 医药开支：2 228 元。

疫苗费用：800 只×8.6 批/年×1/12×(1.45+2)元=1 978 元。

其他药费：250 元。

d. 种鸡成本：800 只×8.6 批/年×1/12×7 元/只=4 013.33 元

②生产要素(非现金)成本(每月)：745.14 元。

a. 房屋折旧费：5 幢种鸡舍×30 000 元/幢÷(20 年×12 月/年)=625 元。

b. 水槽、料桶折旧费：88.89 元。

水槽折旧费：80 只×30 元/只÷(3 年×12 月/年)=66.67 元。

料桶折旧费：40 只×20 元/只÷(3 年×12 月/年)=22.22 元。

c. 房屋维修(5%的折旧费)：31.25 元。

③种蛋销售价格核算：

a. 总成本(每月)：29 989.33 元(现金成本)＋745.14 元(非现金成本)＝30 734.47 元。

b. 产出：

每月产蛋量：3 000 只×50％×30 天/月＝45 000 个。

其中种蛋数(按产蛋量 85％计)：45 000 个/月×85％＝38 250 个。

c. 种蛋成本：总成本÷种蛋数＝3 073 4.47 元÷38 250 个＝0.8035 元/个。

d. 销售价(利润按成本的 30％计)：0.804 元＋(0.804 元×30％)＝1.05 元/个。

从计算的分析中，可以看出饲料占总成本的 60.7％，而饲料加种鸡的成本约占总成本的 73.7％。因此，设法降低这两项的开支，同时提高种鸡的生产水平，就有可能降低每一个种蛋的成本，在确定本场的成本价基础上，参照当时同类型产品的市场价格，就可以确定销售价格。市场价格愈高，本场成本价愈低，其中可盈利的范围愈大，在市场上也愈有竞争能力。

利润计划的确定，必须建立在上述的分析和计算的基础之上。

从这份分析材料中可以看到，该鸡场的饲料及劳动力的价格比较低廉，这是该场生产的优势所在，但也可以看到生产水平不高，因为年平均产蛋率只有 50％。而且其劳动力配置也不合理，按计算全年种鸡数为 3 000 只，加上8.6批的后备种鸡是 8.6 批×800 只/批＝6 880 只，总计为 9880 只，即每个劳动力承担的饲养量平均为 760 只，此数量是太低了。因此，从利润分析中可以发现不少问题，反过来应该通过严格的经济责任分解成本指标和费用指标，实行全过程的目标成本管理，这样所取得的效益将更可观。

(5)垫料及其他各种开支计划 采用地面平养的鸡场，其垫料用量较大，必须早作打算，并切实落实货源。其他如疫苗、药品、燃料、设备更新、水电费开支等都要列入计划。

(6)全场总产计划 在上述各分项计划制定的基础上，明确全场的年度总产计划及有关生产措施和指标，并将总产指标分解下达到各个生产单元，使各个部门、班组、个人都能与他们的经济利益挂起钩来，以确保总产计划的实现。

3. 搞好生产统计 搞好各个生产单元的生产情况统计，是了解生产、指导生产的重要依据，并可以从中及时发现问题，迅速解决；这也是进行经济核算和评价劳动效率、实行奖罚的依据。

4. 加强成本核算 在完成总产计划和各项指标的前提下，加强成本核算，努力降低成本，是经济管理的一个重要方面。通过成本核算，可以及时发现一些问题。例如，通过对肉鸡耗料量与增长速度及饲料价格、肉鸡销售价格的比较，衡量适时出栏的时间。又如，饲料费用的上升和种蛋产量的下降都会导致种蛋成本的上升，而饲料费用的上升，一种可能是饲料价格上涨，另一种可能是浪费饲料引起的；而种蛋产量的下降，是产蛋率下降？还是破蛋率增加？还是种鸡应及时淘汰？这样分析可以寻根究底，并及时分别情况采取措施予以解决。

5. 对外签订各种经济合同、合约 如与客户签订苗鸡购销合同，与饲料公司签订供货合同，与消费单位、屠宰厂签订肉鸡销售合同等。这些合约、合同的签订，都将保证鸡场生产和经济活动有计划地正常进行。

6. 建立、健全生产活动中的服务体系 在包括了产品的质量检查、疫病防治、生产计划安排、种苗、饲料等物资供应、技术规范的实施、产品的收购与销售、生产部门之间的协调、各个环节之间的衔接等的商品生产的整个活动中。为了使人、财、物等各类资源得以合理配置，组织有序地开展生产活动，不少企业建立了“服务中心”之类的组织管理网络。这类服务机构的系统化运作构成了一体化的生产服务体系，由它来协调各环节之间的物资流转，保质、保量地供给，并进行科学指导和监督。一般对生产计划、种苗、饲料、卫生防疫、技术规范、产品购销等都由中心统管，做到种苗、饲料送上门，技术指导送上门，防疫灭病送上门，活鸡收购等上门服务。而饲养、核算与考核都落实到户、到人。这种责任到人的做法，可以最大限度地调动各类人员的积极性，推行竞争上岗制，工资与劳动效率与业绩挂钩等。它不但符合效率优先的原则，而且使企业内的职工之间既协作又竞争。这些组织管理措施必将使肉鸡规模化生产与产业化经营产生强大的生命力和市场竞争力。

四、积极推进我国肉鸡生产的产业化经营

（一）鼓励发展集中连片的专业户群体

国外的商品肉鸡生产，是高度集约化的工厂化生产。在我国，由于肉鸡业投入相对较少，而见效又快，是农民致富的首选项目，也是农村就地转移过剩劳动力的重要途径，因此，目前在肉鸡生产的组织形式上，更多地依靠于千家万户的饲养和龙头企业与一定规模的农户生产的松散结合。

但农户分散的经营方式，不利于资源优化配置和环境保护，新技术推广阻力较大，成效难以很快显现，那种近距离、小

规模、大群体、高密度、多品种、多日龄的鸡群格局，增加了疫病防治的难度。所以，必须积极引导广大养殖户组织起来，实施连片的全进全出制，逐步形成“肉鸡生产合作社”的现代化生产组织形式，发展集中连片的专业户群体，使区域内养殖户的资金、原料、生产销售有机地联合，形成风险分担、利益均沾的市场经济竞争主体。

（二）产业化经营是发展我国肉鸡业的基本途径

国内外研究都证实，没有一体化生产体系的发展，就不可能有高效率的肉鸡产业，也就是说，高效率的肉鸡业与产业化是紧密相连的。

依靠广大农户发展肉鸡养殖，关键是要加快肉鸡业的产业化进程，有必要尽快使我国肉鸡业的经营体制向以龙头企业为核心的贸、工、农一体化的经营模式转变。对龙头企业来说，与农户的联合，可大大节约公司的资金，缓解公司资金不足的矛盾，降低经营成本，增强企业发展的后劲；同时，公司通过产前提供饲料、种苗，产中的疫病防治、技术指导等为养殖户的服务中，降低了农户饲养技术改进的成本。指导农户根据市场需求的变化来组织生产，既规避了农户盲目生产的风险，又保障了公司可以获得相应品质的原料鸡，减少了加工和销售环节的风险。

实施产业化经营后，就像一条完整的生产链，各个环节既有高度专业化分工，又有紧密的联系与协作。专业分工必然带来技术和管理水平的提高，同时扩大生产规模又势必会提高单位投入产出比和劳动生产率。

在具体运作上，可采用“公司＋农户”或“公司＋中介组织＋农户”等形式。由公司与养殖户和饲料生产商签订合同，为农户提供鸡苗、饲料、技术指导、防疫和收购运输等方面的服务，公司与农户结成实实在在的利益共同体。其中关键是要处理好农户与龙头企业以及技术服务部门之间的利益分配关系。要建立起合理的风险分摊机制，只有这样，既稳定了农户的生产和收入，又保证了公司的经营效益。